四川省科技厅资助项目, 项目编号: 2021

四川景观与游憩研究中心资助项目, 项目编号:

老龄化背景下成都城市既有社区健康促进型户外空间环境研究

(2015—2020)

易守理　著

九州出版社

JIUZHOUPRESS

图书在版编目（CIP）数据

老龄化背景下成都城市既有社区健康促进型户外空间环境研究：2015—2020 / 易守理著. —— 北京：九州出版社，2024.6

ISBN 978 – 7 – 5225 – 2865 – 6

Ⅰ. ①老… Ⅱ. ①易… Ⅲ. ①老年人住宅 – 环境设计 – 研究 Ⅳ. ①TU984.12

中国国家版本馆 CIP 数据核字（2024）第 089686 号

老龄化背景下成都城市既有社区健康促进型
户外空间环境研究：2015—2020

作　　者　易守理　著

责任编辑　赵恒丹

出版发行　九州出版社

地　　址　北京市西城区阜外大街甲 35 号（100037）

发行电话　（010）68992190/3/5/6

网　　址　www.jiuzhoupress.com

电子信箱　jiuzhou@jiuzhoupress.com

印　　刷　北京荣玉印刷有限公司

开　　本　710 毫米 × 1000 毫米 16 开

印　　张　11.75

字　　数　210 千字

版　　次　2024 年 6 月第 1 版

印　　次　2024 年 6 月第 1 次印刷

书　　号　ISBN 978 – 7 – 5225 – 2865 – 6

定　　价　58.00 元

│前　言│

积极老龄化和健康老龄化已成为国际社会广泛的关注点。建设健康促进型户外空间环境的目的是通过"被动式"与"主动式"相结合的适老化更新方式，从物质环境和社会环境多角度出发，以促进居民健康为基本出发点，通过户外空间规划设计策略和社会环境营造减少社区环境给老年人带来的物质或非物质障碍，最终实现居家社区养老的目标。尽管国内外学者提出了健康城市、健康社区等相关概念以及具体的评价指标，并在城市规划和户外空间建设过程中积极引入健康促进的规划设计方法和途径，但基于人口老龄化的健康促进型既有社区户外空间环境还相对缺乏理论与实践的系统研究。为此，本书选择我国老龄化较为严重的四川成都市为研究区域，以典型代表的既有社区户外环境为研究对象，以健康促进型空间环境建设为切入点，通过分析户外空间环境与老年人心身健康的相关性，构建健康促进型户外空间环境评价指标体系，以代表性既有社区为实证评价，提出成都城市既有社区户外空间环境健康促进策略，研究结果可弥补健康促进研究在城市既有社区更新领域理论和实践研究的不足，为城市更新提供新思路，对改善居家社区养老户外空间环境质量，缓解我国养老空间压力具有重要的理论和现实意义。研究结果如下：

（1）通过分析户外空间环境对身体活动，出行行为及其对人生理、心理健康的影响，说明户外空间环境特征与身体活动设施的质量显著影响着使用者的身体活动行为。

相较于年轻人来说，老年人更加依赖户外空间环境的出行友好程度。户外空间环境与人的身心健康紧密相关，户外空间环境带来的安全性、可达性、舒适性、美感度是健康促进型环境空间建设的重要因素。健康促进型户外空间环境的建设在应对老龄化过程中发挥了重要的积极作用，可将现阶段我国养老模式从被动应对到主动干预老龄化的方向转变，提升老年人的健康素养，促进城市和社区健康发展。本书提出了"六位一体"健康决定因素概念模型，该模型由个体、政治、经济、文化、社会、生态因素构成。同时还引入了健康阈值（health threshold）和健康值环线（health value loop）概念，并建立了健康值线性规划模型，运用定性与定量相结合方法，充分阐明各因素与健康的相关性。

（2）明确户外空间环境健康促进机制是建设健康促进型户外空间环境的基础。户外空间环境主要通过两种机制影响人的健康：其一，通过个体对户外空间环境的主观评价影响其行为活动。户外空间环境给人带来的安全感、便捷性、舒适度、吸引力等空间感受会对人们的住区选择、饮食习惯、身体活动、出行方式、社会交往等产生影响。其二，通过客观户外空间环境条件影响人们的行为活动和获取资源环境的机会及能力。资源环境既包括空气、噪音、光照、水体、温度、湿度、风速等环境要素，同时也涵盖了道路交通设施、公共服务设施、绿地空间、食物获取、社会资本、能源消耗等内容。资源环境与个人内在能力共同决定了个体功能发挥的程度。个体在行为活动和获取资源环境能力的差异又会对不同的健康问题产生影响，进而得到相应的健康结果。

（3）健康促进型户外空间环境评价指标体系构建是建设落实健康促进环境动力机制的关键技术。本书通过层次分析法（AHP）构建了目标层（A）；5个准则层，包括自然环境质量（B1）、土地利用质量（B2）、交通环境质量（B3）、绿地空间质量（B4）、管理与维护（B5）；15个三级指标的子准则层；48个四级指标的评价指标层的健康促进型户外空间环境评价指标体系。通过计算，得出"空气"指标的综合权重最大，为0.27；"可获得性"指标次之，为0.13。

（4）利用构建的评价指标体系，对成都城市既有社区的户外空间环境进行了调查与评价。调查发现，成都市在自然环境、土地利用、交通环境、绿地空间、管理与维护等方面存在不同程度的问题。以双楠路241号的户外空间环境为实证案例评价，综合评价得分为71.9分，属中等健康促进水平。基于评价结果，提出了包括结合"立体停车""社区绿道"建设，挖掘"存量空间"并积极拓展新的绿地空间等具体优化措施。

（5）成都城市既有社区老龄化特征明显，表现出高龄化、空巢化等特点，老年人口的经济和健康状况均较差。老年人参与的户外活动类型包括健身类、娱乐类、养生类、社会类。老年人户外活动的主要空间是宅间与小区内部活动场所，比例达到72.5%。每天主要外出活动的时间集中在早饭后的7：00—10：00和早饭后的15：00—17：00之间，表现出较高的活动参与频率。

成都城市既有社区老年人对社区户外空间环境满意率为54.5%，对活动场所偏少、缺少公共厕所和座椅等不满意，表明老年人对座椅、公共厕所、健身设施有较大需求。基于此，本书提出梳理户外空间类型，挖掘存量空间潜力；

改善户外空间品质，满足不同群体需求；构建户外空间系统，增加空间活力触媒三大户外空间优化策略。

（6）从前期评价影响的主要因子出发，提出了提升空气质量、打造农贸市场＋、塑造包容性街道、发展装配式户外空间和推广园艺疗法五方面城市既有社区户外空间环境健康促进策略。

| 目　录 |

第一章　绪　论 ……………………………………………………………… 1

1.1　相关概念 ………………………………………………………………… 1

　1.1.1　人口老龄化 ……………………………………………………… 1

　1.1.2　城市既有社区 …………………………………………………… 1

　1.1.3　健康促进 …………………………………………………………… 4

　1.1.4　社区户外空间环境 ……………………………………………… 6

1.2　研究目的及意义 ………………………………………………………… 7

　1.2.1　研究目的 …………………………………………………………… 7

　1.2.2　研究意义 …………………………………………………………… 7

1.3　研究范围、对象及内容 ……………………………………………… 8

　1.3.1　研究范围 …………………………………………………………… 8

　1.3.2　研究对象 …………………………………………………………… 9

　1.3.3　研究内容 …………………………………………………………… 10

1.4　研究技术路线 …………………………………………………………… 11

第二章　户外空间环境与健康促进的关系研究 ………………………… 12

2.1　户外空间环境在健康促进过程中起到的作用 ……………………… 12

　2.1.1　户外空间环境对身体活动的影响 ……………………………… 12

　2.1.2　户外空间环境对出行行为的影响 ……………………………… 13

　2.1.3　户外空间环境对生理、心理健康的影响 ……………………… 15

2.2　健康促进型户外空间环境在应对老龄化过程中的作用 ………… 16

　2.2.1　从被动应对到主动干预老龄化的转变 ……………………… 17

　2.2.2　提升老年人的健康素养 ………………………………………… 17

　2.2.3　促进城市和社区健康发展 ……………………………………… 19

2.3　户外空间环境健康促进的机制 ……………………………………… 19

　2.3.1　健康决定因素探析 ……………………………………………… 19

2.3.2 户外空间环境健康促进机制 ………………………………… 22

2.4 健康促进型户外空间环境评价指标体系构建 …………………… 25

2.4.1 评价指标体系的筛选方法 ………………………………… 25

2.4.2 评价指标体系的框架与层次结构 ………………………… 26

2.4.3 计算单层因素权重 ………………………………………… 38

2.5 小结 ………………………………………………………………… 43

第三章 成都城市既有社区户外空间环境调查与评价 …………………… 45

3.1 自然环境 …………………………………………………………… 45

3.1.1 成都市自然环境特点 ……………………………………… 45

3.1.2 城市既有社区微气候环境调查分析 ……………………… 48

3.2 土地利用 …………………………………………………………… 54

3.2.1 城市建设 …………………………………………………… 54

3.2.2 用地多样性 ………………………………………………… 55

3.2.3 可获得性 …………………………………………………… 56

3.3 交通环境 …………………………………………………………… 61

3.3.1 慢行交通 …………………………………………………… 61

3.3.2 机动交通 …………………………………………………… 68

3.4 绿地环境 …………………………………………………………… 74

3.4.1 公园绿地 …………………………………………………… 74

3.4.2 广场用地 …………………………………………………… 75

3.4.3 附属绿地 …………………………………………………… 76

3.5 管理与维护 ………………………………………………………… 87

3.5.1 景观养护 …………………………………………………… 87

3.5.2 环境卫生 …………………………………………………… 88

3.5.3 设施维护 …………………………………………………… 89

3.6 成都城市既有社区健康促进型户外空间环境评价

——以双楠路241号为例 …………………………………… 90

3.6.1 项目基本情况 ……………………………………………… 90

3.6.2 健康促进型户外空间环境评价方法 ……………………… 91

3.6.3 评价结果 …………………………………………………… 91

3.6.4 讨论 ………………………………………………………… 94

3.7 小结 ………………………………………………………… 95

第四章 成都城市既有社区老年人行为活动研究 ………… 96

4.1 老龄化现状及被调查样本的人口学特征 …………… 96
 4.1.1 成都城市老龄化现状 ………………………… 96
 4.1.2 被调查样本的人口学特征 …………………… 96

4.2 既有社区老年人的日常户外活动 …………………… 100
 4.2.1 活动类型 ……………………………………… 100
 4.2.2 空间分布 ……………………………………… 102
 4.2.3 时段分布 ……………………………………… 103
 4.2.4 活动频率 ……………………………………… 103
 4.2.5 持续时间 ……………………………………… 104

4.3 既有社区老年人的户外空间环境需求 ……………… 104
 4.3.1 户外空间环境满意度 ………………………… 104
 4.3.2 户外空间环境需求 …………………………… 105

4.4 既有社区户外空间形态与老年人行为研究 ………… 108
 4.4.1 研究对象和方法 ……………………………… 108
 4.4.2 结果 …………………………………………… 109
 4.4.3 讨论 …………………………………………… 122
 4.4.4 既有社区户外空间优化策略 ………………… 127

4.5 小结 ………………………………………………… 129

第五章 成都城市既有社区健康促进型户外空间环境探究 … 131

5.1 健康促进影响因素 …………………………………… 131
 5.1.1 空气质量 ……………………………………… 131
 5.1.2 土地利用 ……………………………………… 133
 5.1.3 街道空间 ……………………………………… 134
 5.1.4 绿地空间 ……………………………………… 137
 5.1.5 园林植物 ……………………………………… 137

5.2 户外空间环境健康促进策略 ………………………… 138
 5.2.1 提升空气质量 ………………………………… 138
 5.2.2 打造农贸市场 + ……………………………… 141

5.2.3 塑造包容性街道 ·············· 149

5.2.4 发展装配式户外空间 ·············· 155

5.2.5 推广园艺疗法 ·············· 158

5.3 小结 ·············· 160

第六章 结论与展望 ·············· 162

6.1 结论 ·············· 162

6.2 研究展望 ·············· 164

参考文献 ·············· 166

附 录 ·············· 173

后 记 ·············· 176

| 第一章 |

绪　论

1.1　相关概念

1.1.1　人口老龄化

《中华人民共和国老年人权益保障法》将六十周岁以上的公民定义为老年人。按照世界卫生组织（WHO）的标准，一个国家或地区人口老龄化一般经历三个发展阶段（徐莉等，2014）：第一阶段是当60岁以上的老人超过总人口数的10%，或者65岁以上的老人占总人口数的7%时，称为"老龄化国家"；第二阶段，当65岁以上的老人占总人口数的14%时，称为"老龄国家"；第三阶段，一旦65岁以上的老人超过总人口数的20%时，这个国家或地区则进入"超级老龄国家"行列。1950年，60岁以上老人仅占世界总人口的8%，2017年，60岁以上老人所占比例已经达到12.7%，至2050年，这一比例将提升至21.3%，届时每5个人中便有一位老年人，且女性老人高龄化趋势明显（UN DE-SA，2017）。到2050年，世界上所有国家都将成为"老龄化国家"或步入更深层次的老龄化阶段，世界上老年人口数量将在历史上首次超过年轻人（刘文等，2015）。因此，21世纪被称为全球人口增长趋缓的世纪，是人口普遍老龄化的世纪（北京大学人口研究所课题组，2012）。人口老龄化也实现了"全球化"，不是发达国家所特有，故在全球范围内影响广泛。

1.1.2　城市既有社区

城市既有社区是一个针对中国城市发展历史提出的特有的社区概念。关于城市既有社区的定义，不同学者所持意见略有不同，但都将1998年房改停止福利分房视为城市既有社区界定的一个重要时间节点（华尹，2016）。新中国成立后，我国长期采取的是福利分房制度，但由于居民住房需求的不断增长，单位的供房乏力越发明显，福利分房存在的弊端日益显现。1978年，邓小平在视察部分新建公寓住宅楼时提出了"解决住房问题能不能路子宽些"的建议，并于 1980 年，做了有关城镇住宅建设方式的谈话，核心观点是"城镇住宅可以购买也可以自己盖，新房老房均可售，可以一次付款也可以分期付款"。邓小平的一系列重要讲话被视为中国房改的真正源头。1994 年 7 月 18 号，《国务院关于深化城镇住房制度改革的决定》出台，这一决定象征着中国城镇住房制度正式改革之路开启。1998 年 7 月，国务院颁发了《关于进一步深化城镇住房制度改革加快住房建设的通知》，其核心是"取消福利分房，实现居民住宅货币化、私有化"，使得在新中国延续了近半个世纪的福利分房制度终止，"市场化"成为住房建设的主旋律。1998 年后的几年时间里，大量商品房涌入中国房产市场，居民的住房条件得到极大改善，但由于时代和建造技术及标准的局限性，当时兴建的居民住宅不论在建筑质量、配套设施，还是在户外空间环境建设方面都存在诸多不足。

城市既有社区按照时间节点划分，主要有两种分类方法：第一种，将城市既有社区仅限定为房改之前建设的住宅小区；第二种是将房改前和房改后不能满足居民实际需求的住宅小区均纳入城市既有社区范畴。第一种分类方法的最大优势在于利于统计研究，第二种分类方法现实意义更强，在城市更新过程中更能体现"以人为本""公平"等原则。但这样的分类方式增加了统计工作量以及分类难度。本书界定的城市既有社区采纳第二种分类方式，并以 1998 年前后，城市中新建的住宅小区为主要研究对象。

城市既有社区有其突出的特征，就优势方面而言，城市既有社区往往具备良好的区位环境、便捷的交通条件以及稳定的社会网络，究其原因在于城市既有社区修建年代较早，通常位于一个城市的老城区，而老城区在城市建设过程中经历了不断的更新和完善，周边基础设施趋于完备。由于城市既有社区存续时间较长，居民之间建立了良好的邻里关系，形成了特定的社区文化，因此长时间居住在既有社区中的居民往往具有强烈的归属感。

城市既有社区除具备上述优势以外，主要存在三方面劣势。首先，由于建造年代较早，房屋多采用砖混结构，建筑质量整体较差，抗震性较弱。房屋楼层多为 5—7 层，户型从一室一厅到三室一厅不等，但总体来说室内空间不足，为室内适老化改造带来一定困难。城市既有社区中的建筑存在的主要问题是原建筑设计方案中均未考虑安装电梯，其主要目的是为节省开发成本，但无意中为解决现在的老龄化加剧问题造成困难，使高龄老人特别是半失能或失能老人的"家"成了他们的"囚笼"，隔绝了他们与外界的联系，限制了他们的活动范围。社会网络的断裂以及社会支持的减少加重了老年人心理疾病的发生，典型的如抑郁症发病率的节节攀升。缺少与自然环境和邻里的接触以及身心双重负担的增加，导致老年人健康状况愈发低下，从而使老年人健康寿命年的损失（DALYs）不断增加。

城市既有社区存在的第二个方面的劣势主要集中于户外空间环境。城市既有社区户外空间环境根据具体社区建造年代不同，其空间特征亦有不同：（1）20世纪60年代及以前修建的社区多是单位宿舍，其户外空间环境的特点是空间规模小，且处于交通流线的边缘地带，并未规划特定的区域作为公共活动空间；（2）20世纪70—80年代修建的社区开始重视社区环境建设，但空间设计往往同质化现象严重，缺少参与性和吸引力，缺乏空间活力；（3）20世纪90年代开始大规模新建商品房，这期间的住房品质得到一定程度改善，户外空间环境在质和量方面均有所提高，社区中选用的植物品种也更加丰富，但由于设计粗糙，以及对人性化和无障碍设计的忽视，致使本已紧张的户外空间使用率较低，造成较大的资源浪费。

养老服务设施的缺乏是城市既有社区的第三类弊端。由于我国的老龄化始于2000年左右，早期建设的社区几乎都没考虑老龄化问题，因而缺少在养老服务设施配置方面的考量。随着老龄化程度加深，以及国家养老政策中居家社区养老所占有的重要地位，对城市既有社区养老服务设施规划越发重视。尽管早在1994年由10部委联合印发的《中国老龄工作七年发展纲要（1994—2000年)》就提出了老龄事业是我国社会主义事业的重要组成部分的基本认识，但我国的老龄事业发展真正起步于21世纪初期。1999年年底，全国老龄工作委员会的成立拉开了我国老龄事业发展的序幕，并由国务院先后发布了中国老龄事业发展"十五""十一五""十二五""十三五"规划。在2014年国土资源部办公厅关于印发《养老服务设施用地指导意见》（国土资厅〔2014〕11号）的通知中明确提出，实行养老服务设施用地分类管理制度，要求新建城区和居住（小）区需按规定配建养老服务设施。此后，全国各地开始大力推行养老服务设施建设。四川省于2014发布的《关于加快发展养老服务业的实施意见》中指出，需加强城市养老服务设施建设，并按照人均用地 $\geq 0.1 \ m^2$ 的标准分区分级配置养老服务设施。针对老城区和已建成居住（小）区无养老服务设施或没有达到规划和标准要求的情况，要限期通过购置、置换、租赁等方式完成养老服务设施建设。

从上述城市既有社区优劣势来看，在城市更新过程中应积极挖掘城市既有社区具备的各种优势，增强邻里关系及社会资本，促进邻里团结形成强烈的社区凝聚力。同时，应尽可能减少环境对不同身体状况、年龄段人群的限制因素，形成可达、可用的户外空间环境，切实让人民群众拥有更多的获得感和幸福感，提高城市既有社区中居民的生活质量，完善其生活圈。据2015年全国老龄工作委员会的统计数据表明，城市既有社区中老龄化程度大多在18.6%—21.3%，普遍高于全国平均老龄化程度15.5%，老年居民人数的增长速度也高于新建小区（何凌华等，2015）。老年人的生活核心大部分都围绕生活的社区展开，因此加强城市既有社区更新研究对发展我国老龄事业大有裨益，亦是对发展居家社区养老的重要支撑。

1.1.3 健康促进

1986年，加拿大渥太华召开的世界第一届健康促进大会发表的《渥太华宪章》中提出了健康促进（Health Promotion，HP）概念，健康促进是使人们能够加强控制和改善健康的过程（辽宁省卫生与人口健康教育中心，2008）。《职业健康促进名词术语》（GBZ/T 296—2017）将健康促进定义为一切能促使行为和生活条件向有益于健康改变的教育、环境与支持的综合体（全国信息与文献标准化技术委员会，2017a）。健康促进是任何有计划的教育、政治、环境、法规或是组织的策略组合，此种组合可用来支持增进个人、团体和社区健康的行动和生活条件（HSE National Health Promotion Office，2011）。要达到身体，心理和社会的完整状态（即健康），个人或团体必须能够识别和实现愿望，满足需求，改变或应对环境。因此，健康被视为日常生活的资源，而不是生活的目标。健康是一个强调社会和个人资源以及身体能力的积极概念。健康的先决条件和资源包括：和平（peace），庇护（shelter），教育（education），食物（food），收入（income），稳定的生态系统（a stable eco-system），可持续资源（sustainable resources），社会正义和公平（social justice，and equity）。因此，健康促进不仅仅是卫生部门的责任，同时也超越了健康的生活方式和幸福感，健康促进受到个体、家庭、社区、社会等多重影响。

健康促进涵盖一系列范围广泛的社会和环境干预方法，这些方法意在通过解决和预防不良健康的根源，而不仅侧重在治疗和治愈方面，从而使每个人的健康和生活质量获益并受到保护。《渥太华宪章》确定了健康促进行动的五个领域：建立健康的公共政策，创造支持性环境，培养个人技能，加强社区行动，以及重新定位健康服务（WHO，1988）。健康促进由三个核心要素构成：

良好治理（Good Governance for Health）、健康素养（Health Literacy）、健康城市（Healthy Cities）（WHO，2016）。

良好的治理意味着相关决策者应该将健康作为政府政策制定的核心理念，将健康纳入所有决策之中，始终将公众健康视为政策制定的必要维度。要落实良好治理，就必须通过强有力的手段推动健康政策的执行，如对酒精和烟草的控制，以及对健康膳食习惯的推广，营造适宜步行的城市，并致力于减少空气污染、水污染、噪音污染，这些举措都将对个体和城市健康做出贡献。此外，良好的城市交通环境和安全的出行习惯有利于健康城市化。

健康素养是个人获取和理解基本健康信息和服务，并运用这些信息和服务做出正确决策，以维护和促进自身健康的能力（全国信息与文献标准化技术委员会，2017a）。2008年，中国卫计委在借鉴美国《健康人民2010》中使用的健康素养定义的基础上，正式推出"健康素养"这一概念，即："健康素养是指个人获取、理解、处理基本的健康信息和服务，并利用这些信息和服务，做出有利于提高和维护自身健康决策的能力。"

健康城市是健康人群、健康环境、健康社会组成的有机整体，健康城市能够为社区资源扩大和人居环境改善做出贡献，同时还能促进城市居民之间的相互支持，增强社会资本及社会网络，使其潜能得到最大限度的发挥（Takano T，1998；玄泽亮等，2003）。健康城市涵盖城市建设的各个方面，从城市规划、城市建设到城市管理，无不要求以人为中心、以人的健康为中心，始终致力于人们生活在一个健康水平达到最大化的物理和社会环境中。为此，世界卫生组织通过历届国际健康促进大会（表1-1），不仅建立了健康促进概念、原则和相关行动领域，并且在更广泛的全球化背景下推动国际健康城市建设，制定健康的公共决策，创造健康的支持环境，减少健康不平等现象。

表1-1 历届国际健康促进大会

届数	时间	会议地点	会议主题	重要成果
1	1986	加拿大渥太华	促进健康	《渥太华宪章》
2	1988	澳大利亚阿德莱德	制定健康的公共决策	《阿德莱德宣言》
3	1991	瑞典松兹瓦尔	创造健康的支持性环境	《松兹瓦尔宣言》
4	1997	印度尼西亚雅加达	健康促进迈向21世纪	《雅加达健康促进宣言》
5	2000	墨西哥墨西哥城	健康促进：缩小差距	《墨西哥健康促进部长声明》

届数	时间	会议地点	会议主题	重要成果
6	2005	泰国曼谷	政策和行动伙伴关系： 解决健康问题的决定因素	《曼谷宪章》
7	2009	肯尼亚内罗毕	促进健康与发展： 缩小实施差距	《内罗毕号召》
8	2013	芬兰赫尔辛基	将健康融入所有政策	《赫尔辛基宣言》
9	2016	中国上海	可持续发展中的健康促进	《上海宣言》

1.1.4 社区户外空间环境

社区户外空间是社区中满足居民户外生活的城市公共空间，它是城市公共空间的室外空间部分，其概念的延展可以等同于芦原义信（1985）提出的外部空间。社区户外空间符合城市公共空间的狭义概念，即那些能够满足城市居民日常生活和社会生活公共使用的室外空间。具体来说，社区户外空间包括街道、广场、公园、居住区户外场地、小游园、微绿地、停车场、体育场地等。在社区户外空间里，社区居民可以进行交通往来、运动健身、休闲观光、集会交往、商业交易等各类活动。社区户外空间一般是在城市经济与社会发展过程中，由于社区居民生活中产生的具体需求逐步建设形成的。不同社区对社区户外空间的数量、类型、功能需求亦有不同。人口越多的社区通常对社区户外空间的需求量也越大，对社区户外空间的功能要求也更为复杂，相应的空间类型和设施类型也更加多样化。老龄化程度越高的社区，对社区户外空间的适老化要求也更高，对养老设施的合理配置更为依赖。

社区户外空间具有"物质"和"社会"的双重属性。社区户外空间的物质属性强调构成社区户外空间的要素组成以及要素之间的组合与配置。社区户外空间的物质属性与空间的形式、功能联系紧密，是户外空间建设的重要内容。然而，人们对空间的体验与感知除了与物质层面所表现出来的具体实物有关以外，还与空间的社会属性息息相关。社区户外空间的社会属性通过其承载的文化和特定的社会意识相互作用得以呈现，它往往能够反映出一个社区乃至所在城市的特色、性质、经济状况、文化特征等。其社会内涵主要表现出三个方面的特征：一是社区户外空间的"公共性"。社区户外空间不是私有空间，它为社区居民所共有，正是由于社区户外空间的公共性特征，才使得其使用人群广泛，社会效益明显，利于邻里交往、社会参与以及社会稳定。其二，具有"公平与公正"的特征。在社区户外空间之中，居民的身份是平等的，不因身份、年龄和身体状况而受到歧视和不公平待遇。因此它不仅是实现公众参与的重要场所，亦是社会民主与社会公正实现的重要载体。第三，具有"生产性"。通常所讲的"生产性"多指具体的产出，如社区绿地中生长的植物，或者社区苗圃中产出的食物。笔者认为社区户外空间"生产性"除"物质产出"以外，还应包括"社会产出"，即社区户外空间在促进邻里交往、促进身体活动及居民健康等方面的贡献值。

1.2 研究目的及意义

1.2.1 研究目的

（1）建立健康促进型户外空间环境评价指标体系

健康促进型户外空间环境评价指标体系的建立是为了在城市既有社区适老化更新过程中实现条理清晰、科学实施的目标。健康促进型户外空间环境评价指标体系涉及老年人日常生活和活动的多个方面，对改善老年人生活质量和健康水平具有积极作用。同时，健康促进型户外空间环境有利于增加老年人的社会资本，并减少个人和国家为健康而投入的医疗成本（包括疾病预防和身体康复）。

（2）提出成都城市既有社区户外空间环境健康促进策略

以成都市为例，利用健康促进型户外空间环境评价指标体系评价成都市既有社区户外空间环境现状，并针对该现状提出了城市既有社区户外空间环境健康促进策略。本书提出的户外空间环境策略不仅在城市既有社区适老化更新中适用，也可以作为新建小区的户外空间环境建设指导策略。

1.2.2 研究意义

（1）弥补健康促进研究在城市既有社区更新领域理论和实践的不足

现有健康促进研究既包括了宏观层面的健康城市规划，也涉及小尺度的健康社区研究，但针对城市既有社区更新的研究却十分有限。在城市化和人口老龄化双重背景下，城市既有社区户外空间环境的适老化更新其意义愈发明显。从健康促进的角度研究城市既有社区户外空间环境的适老化更新，不仅对老年人群体意义重大，因健康促进的设计策略具有极强的包容性，健康促进型户外空间环境也必将惠及更广泛的社区居民。

（2）装配式户外空间和户外空间供应商概念的提出为城市更新提供了新的思路

城市既有社区户外空间环境有其特殊性，突出表现为可利用空间少、改造资金有限等问题。基于上述特征，本书尝试提出装配式户外空间和户外空间供应商概念，以此为突破口解决城市既有社区更新产业链问题，可为城市更新改造提供一条新思路、新途径。

（3）改善居家社区养老户外空间环境质量，缓解我国养老空间压力

目前我国的养老模式包括居家养老、社区养老、机构养老等，但仍以居家养老为重。居家社区养老在我国养老体系建设中占有超过90%的比重，因此为居家社区养老提供适宜的社区户外空间环境至关重要。然而，目前的城市既有社区户外空间环境，不论是在物质方面还是社会环境方面，均不能很好地满足健康促进性养老的建设要求。本书提出的健康促进型户外空间环境评价指标体系，其目的之一就是发现城市既有社区户外空间环境建设的不足方面，进而有针对性地进行健康促进改造，以期对我国的居家社区养老做出贡献。

1.3 研究范围、对象及内容

1.3.1 研究范围

本书在地理范围上选择成都市四环路（原第一绕城高速）以内的五城区（锦江区、青羊区、金牛区、武侯区、成华区，含高新区）作为研究工作开展的区域范围。

成都市作为四川省省会城市，截至2017年底，全市户籍人口1 435.33万人（四川省老龄工作委员会办公室，2018），城市化水平（2017年为70.62%）（成都市统计局，2018）和老龄化程度（2017年为21.18%）均在全省前列，五城区作为成都市城市现代化发展最早建设的中心城区，不仅是政治、经济、文化交流最为频繁的区域，同时还表现出人口密集、老龄化程度高、既有社区存量大等特点（表1-2）。因此，选择五城区作为研究范围具有一定的代表性和典型性。

表 1 - 2 成都市五城区基本情况

城区名称	面积（km²）	户籍人口（万人）	街道办（个）	社区居委会（个）	老旧院落数量（个）	老龄化程度/%
青羊区	68	67	14	76	792	23.37
锦江区	61	54	16	117	851	23.29
金牛区	108	76	15	109	1 000	24.44
武侯区	77	65	17	87	905	24.15
成华区	111	76	14	106	609	23.95

1.3.2 研究对象

本书的研究对象是城市既有社区的户外空间环境，就具体的研究主体和客体而言，分别是城市既有社区老年人群体和城市既有社区户外空间环境。具体选取成都市五城区的 20 个既有社区（表 1 - 3），285 名老年人（60 岁及以上）作为研究样本。研究包括老年人的生理、心理、行为、活动、健康状况以及既有社区户外空间环境。

表 1 - 3 成都市 20 个城市既有社区基本情况

区名	小区名称	修建年代	楼层数	所属社区	所属街道办
武侯区	洗面桥街小区	1997 年	7 层	洗面桥社区	浆洗街街道办
	双楠路 241 号	1998 年	7 层	广福桥社区	双楠街道办
	长城社区	2000 年	7 层	长城社区	红牌楼街道办
锦江区	市政设施处职工住宅	1998 年	6 层	华星路社区	书院街街道办
	江东民居	1996 年	7 层	净居寺社区	双桂路街道办
	新莲新苑	2000 年	7 层	新莲新社区	东光街道办
青羊区	王家塘 9 号院	1995 年	6 层	八宝街社区	新华西路街道办
	草堂北路 19 号小区	1999 年	7 层	青华社区	光华街道办
	锦秀民居	2001 年	7 层	锦屏社区	府南街道办
金牛区	万福苑	2000 年	7 层	新村河边街社区	人民北路街道办
	肖家村四巷 8 号院	1998 年	6 层	荷花池社区	荷花池街道办
	青羊北路小区	1996 年	7 层	青羊北路社区	西安路街道办
	蓝色空间	1998 年	7 层	长庆路社区	营门口街道办
	惠民苑	1998 年	7 层	金沙公园东社区	黄忠街道办

续表

区名	小区名称	修建年代	楼层数	所属社区	所属街道办
成华区	东沙路50号小区	1998年	6层	东沙路社区	双水碾街道办
	福顺苑	1998年	7层	花径路社区	双水碾街道办
	站东一组小区	1998年	6层	站北路社区	双水碾街道办
	五冶宿舍	1985年	6层	双林社区	双桥子街道办
	双桥南路二街	1997年	6层	双桥社区	双桥子街道办
	联合小区	1996年	7层	长天路社区	万年场街道办

1.3.3 研究内容

在梳理国内外关于健康促进型户外空间环境相关研究文献资料的基础上，总结出户外空间环境健康促进的机制框架。结合定性与定量研究，运用层次分析法构建了健康促进型户外空间环境评价指标体系。通过对成都城市既有社区的户外空间环境现状研究，揭示目前户外空间环境中存在的主要问题，并利用构建的评价指标体系对既有社区进行评价；通过对既有社区老年人的调研，我们掌握了成都市既有社区老年人的人口学特征、行为活动特征及户外空间环境需求。基于上述内容，提出了成都城市既有社区健康促进型户外空间环境建设策略。具体研究内容如下：

（1）户外空间环境与健康促进的关系研究

从厘清户外空间环境与健康促进之间的关系出发，提出了户外空间环境健康促进机制框架。基于该框架，结合前期调研情况，运用层次分析法构建健康促进型户外空间环境评价指标体系。通过建立判断矩阵和指标赋权，明确了健康促进型户外空间环境评价指标之间的权重关系。为进一步对城市既有社区的评价提供理论基础。

（2）成都城市既有社区户外空间环境调查与评价

从自然环境、土地利用、交通环境、绿地环境、管理与维护五个方面对成都城市既有社区户外空间环境进行了调查研究，发现了目前存在的主要问题。利用健康促进型户外空间环境评价指标体系对成都城市既有社区进行了评价打分，并提出了针对性的改进措施。

（3）成都城市既有社区老年人行为活动研究

对成都城市既有社区老年人的老龄化特征、户外活动、户外空间环境需求进行了调查研究。通过对既有社区户外空间形态与老年人行为之间的相关性研究，加深了对老年人行为活动与户外空间关联系的认识，提出了既有社区户外空间的优化策略。

（4）成都城市既有社区健康促进型户外空间环境探究

基于对影响成都城市既有社区户外空间环境健康效用的因素分析，对健康促进型户外空间环境建设提出了具体策略。

1.4　研究技术路线

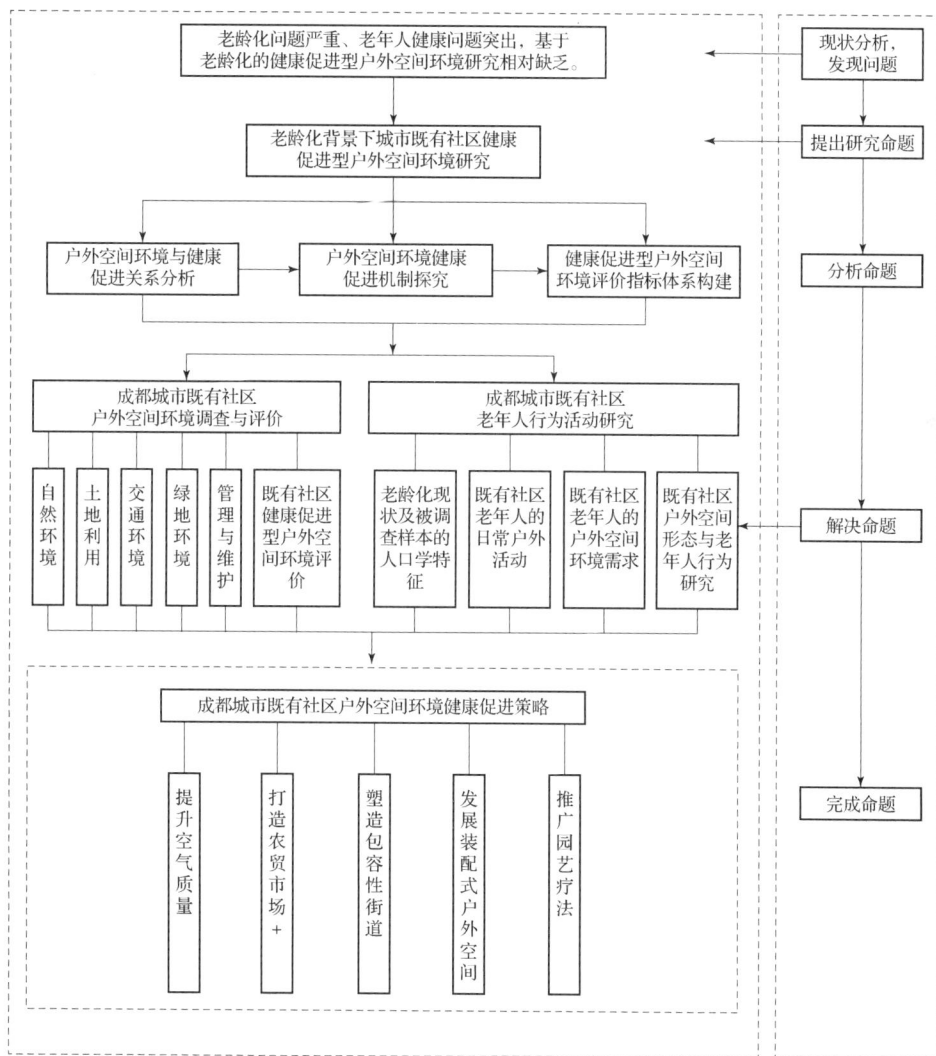

| 第二章 |
户外空间环境与健康促进的关系研究

2.1 户外空间环境在健康促进过程中起到的作用

户外空间环境对健康的影响是多方面的。高品质的户外空间环境不仅能够为居民活动提供各类的空间场所支持，同时对促进身体健康、增强社会网络和社会公正也有积极作用。反之，"人性化"缺失的户外空间环境以及缺少必要维护的设施环境对居民的户外活动造成诸多障碍。户外空间环境对健康的影响主要集中于身体活动、出行行为、生理和心理健康等方面。

2.1.1 户外空间环境对身体活动的影响

缺乏身体活动是现代社会人类面临的主要健康挑战（US，1996），有效的身体活动对人体健康有多方面的促进作用，如减少肥胖、降低多种慢性病（高血压、高血脂、抑郁症、冠心病、糖尿病等）发病率（US，2008）。根据身体活动的目的性差异可以将身体活动划分为四类：交通类身体活动、休闲类身体活动、家务类身体活动、职业类身体活动（鲁斐栋等，2015）。交通类和休闲类身体活动因为健康效益突出受到学界广泛关注。交通类身体活动通常指主动式交通，包括步行出行和自行车出行两种类型。休闲类身体活动主要指以休闲娱乐为目的的身体活动类型，包括散步、广场舞、太极拳等（冯建喜等，2017）。

户外空间环境特征和身体活动设施的质量显著影响着使用者的身体活动行为（王开，2018）。交通类身体活动受一般性设施的可达性影响显著，而休闲娱乐设施则对休闲类身体活动的影响较大。交通类身体活动（步行和自行车出行）是中国老年人最主要的身体活动类型。因此，应该着力改善街道步行环境和自行车网络的质量，并提供必要的设施支持（如座椅），同时还要完善公共交通系统，老年人对公共交通的依赖程度相对于其他年龄群体更高。休闲类身体活动在老年人中最常见的是散步和广场舞（冯建喜等，2017）。散步是大多数老年人选择的最简单易行的身体活动类型（董晶晶等，2015），对于有条件的地区可以单独设置散步道以保证老年人使用过程的舒适性和安全性，并为多种休闲活动提供灵活的场地设置。由于休闲类身体活动多是个人愿望和爱好主导的自由选择活动，而非必要性活动（如工作、通勤等），因此提高户外空间环境质量对休闲类身体活动影响更大（刘正莹等，2016）。

户外空间环境带来的安全性、可达性、舒适性、美感度等空间感受也会影响到身体活动行为（于一凡等，2017）。安全性被视为户外空间支持身体活动的最基本保障。行驶过快的机动车对老年人群体的身体活动造成了安全威胁，迫使老年人减少外出活动频率。设立"人车分离"的道路系统是保障行人安全的方法之一，其他方法还包括交通稳、静化措施等。除此之外，设施安全、植物品种安全等也应引起重视。可达性主要是指在一定时间内到达某一目的地（公共空间或其他吸引点）的机会和便捷程度。可达性高表示人们可以用较短的时间、较少的花费或较小的距离到达某一目的地，因此，人们更倾向于以步行或公交等绿色出行方式为主，一定程度上增加了身体活动水平。要达到提高户外空间环境可达性的目标，可以通过增加土地利用混合度、社区附近户外空间数量等方法实现。舒适性和美感度更高的户外空间环境将更能激发人们参与户外活动的热情，从而提高整体身体活动水平。

Harris 等通过对建成环境与身体活动研究领域的核心文献进行的网络分析梳理出该领域的研究演变过程，结果显示过去 30 年间的研究仍然处于探索阶段。对该领域做出重要贡献的学者有 Sallis、Ewing、Brownson、Frank、Giles - Corti 等人，其中美国心理学家 James Sallis 的突出贡献更是引人注目（Jenine K. Harris et al.，2013）。

2.1.2 户外空间环境对出行行为的影响

户外空间环境对出行行为的影响主要包括出行方式和出行距离两个方面。由于老年人相比年轻人来说更加依赖户外空间环境的出行友好程度，因此下面将侧重于从老年人视角探讨户外空间环境对出行行为的影响。

2.1.2.1 户外空间环境对出行方式的影响

常见的出行方式包括步行、自行车、公共交通、私人汽车和其他（如电动代步车）。对中国城市老年人出行行为的研究显示，相较于年轻人来说，老年人更愿意选择步行（58%）、公共交通（20%）、自行车（18%）作为出行的首选方式。这可能与中国老年人私家车拥有率低、公共交通对老年人的优惠政策有关。在影响中国老年人出行方式的选择方面，公共交通可达性和菜市场

（农贸市场）、开放空间、公园、棋牌室的位置对老年人出行行为起到决定性影响。而在国外，影响西方老年人出行模式选择的主要是汽车交通可达性和超市、便利店、健身房、体育中心等设施的距离（Jianxi Feng，2017）。中国人相对于西方人来说更加偏向于选择通勤距离短、公共交通可达性高同时毗邻日常消费市场的居住环境（曹新宇，2015）。有研究指出，人们的出行习惯存在惰性现象，即一旦经常采取某一种出行方式，那么就很难再改变其出行方式（Alsnih R. et al.，2003）。因此，在户外空间环境建设过程中应着重加强社区步行友好环境建设，为步行、公共交通、自行车创造支持性环境，鼓励积极的出行方式。另外，步行、自行车、公交等绿色出行方式，不仅可以提高身体活动水平，同时在减少城市碳排放、实现城市可持续发展等方面发挥着积极的作用，从更宏观的层面影响着人们的健康。

2.1.2.2 户外空间环境对出行距离的影响

老年人的日常生活和活动空间主要围绕"家"（住宅）展开，因此其活动空间更接近以家为中心的圆形空间，而年轻人由于工作需要，常来往于工作地点和住宅之间，其活动空间形成"两核"（分别以住宅和工作地点为中心的活动空间）或椭圆形空间（冯建喜等，2015）。老年人因身体机能的衰退和社会角色的转变，其活动半径逐渐缩小并小于年轻人的出行距离，多数集中于住宅附近 1 km 范围以内，从社会性活动转向以家庭性活动为主的退休状态。如前所述，老年人出行方式以步行为主，多数老年人步行 10 min 后往往会感觉疲惫，普通成年人的步行速度约为 1.2—1.5 m/s，按照此速度的步行距离约为800 m，而老年人的步行速度实际远低于成年人约为 0.75 m/s（100 名 60 岁及以上老年人实测数据），故老年人步行疲劳距离约为 450—500 m。部分老年人由于年龄原因或身体原因，其活动主要集中于住宅内部、住宅单元入口、楼宇间、小区内绿地和道路旁的开敞空间，其活动半径约为 200 m 左右。

户外空间环境和公共服务设施应依照老年人出行距离特征分级设置，满足老年人出行需求。如以住宅为中心的 200 m 范围内，应提供短暂停留空间和交流空间，相关设施包括公共座椅、带顶的休息场所等。住宅附近 500 m 范围以内应设置基本的公共服务设施，如医务室、零售店、绿色空间、健身设施、公共卫生间、座椅以及交通站点等。住宅附近 800 m 范围以内设置次级的公共服务设施，包括开放空间、图书馆、娱乐休闲设施、公共卫生间和座椅等（伊丽莎白·伯顿，2009）。面对更远的出行距离时，老年人往往以公共交通或自行车出行方式为主，因此应在这一层次上注重公共交通网络和自行车道系统的建设。由于老年人体能降低，步行出行时多走走停停，所以在设施设置时应充分关注该特征，每隔 100—125 m 就应设置一处公共座椅，使其体能有所恢复，延长户外身体活动时间，同时为社会交流创造机会。

2.1.3　户外空间环境对生理、心理健康的影响

2.1.3.1　户外空间环境对生理健康的影响

高密度的土地利用方式是城市环境中的典型特征，由此带来的拥挤、空气污染、噪音污染、活动空间匮乏、安全性缺失等问题给城市居民身体健康造成负面影响。呼吸系统疾病在人口密集和汽车拥有量逐年攀升的城市环境中日益高发。城市中的空气污染问题给居民身体健康带来重大威胁。老年人和儿童对空气污染的影响最为敏感。严重的空气污染问题不仅对个体健康产生直接损害，同时也迫使敏感人群减少外出活动的时间和频率，进而导致身体活动不足和久坐时间的增加。很多具有较高社会经济地位的人大部分时间待在室内，减少了暴露于空气污染之中的机会（且"清风系统"能有效减少室内空气污染问题），而承受空气污染的对象多为常在室外工作的社会经济地位较低的人群。因此，在相关政策制定时应该重视环境公平与正义，更多关注弱势群体的利益。空气污染治理需要多方紧密合作，包括政府、机构以及公众的积极参与。淘汰造成空气污染的落后产业、加强公共交通网络建设、提倡绿色出行对缓解空气污染问题都有积极影响。

研究表明，在步行和自行车出行较多的地区，患有严重哮喘的老年人人数较少（Dohyung Kim et al.，2018）。以步行和骑自行车作为日常出行方式可以帮助人们达到专家建议的体育活动水平，积极的交通基础设施可能在鼓励这种活动中发挥作用（Dill，J.，2009）。主动运输的健康益处，例如改善人的心脏、血管和肺的功能，可能会降低哮喘的发病率。因此，地方政府和运输机构必须扩大自行车和步行基础设施的供应。自行车和步行设施可以促进公众健康，成为一种有价值的替代交通方式。

2.1.3.2　户外空间环境对心理健康的影响

心理健康问题通常包括严重的精神疾病、焦虑或悲伤等心理困扰症状，以及药物滥用、攻击性等自我调节问题。

城市环境中拥挤现象随处可见，生活在拥挤的环境之中可能会产生负面的心理健康问题和社交退缩效应。拥挤会导致压力或冲突增加，并与高血压和皮质醇等应激激素升高有关（Evans GW，2003）。

严重的噪音污染可能引起精神疾病或提高心理症状的痛苦感受，噪音还会减少任务动机能力，例如解决困难的问题。噪音与攻击性行为有着复杂的关系，尽管噪音不会直接产生攻击性行为，但如果一个人已经因为挑衅（例如受到侮辱）或目睹攻击性行为（例如暴力电影）而感到生气，那么噪音会加剧攻击行为。噪音也直接抑制了利他行为。一项有关幼儿的研究发现，在机场等主要噪音源附近生活或上学，会导致血压和压力荷尔蒙升高（Kim T Ferguson et al.，2018）。

充足的自然光照时间可以有效提升人们的积极情绪。因严重抑郁症状而住院的患者生活在拥有自然光线的房间内相较于生活在灯光照明的房间内恢复得更快。长期无法接收到足够的自然光照可能导致悲伤、疲劳和抑郁状况加深，这种综合征称为季节性情感障碍。

由此可见，户外空间环境中的拥挤、噪音、自然光照等因素都能作用于人们的心理健康。同时，易于获得的绿地对提高个人福祉和缓解压力源对儿童和成人的影响都有重要意义。土地混合使用可能对社会关系产生积极影响（Cabrera，J. F. et al.，2013），而强大的社会关系被认为是主观幸福感中最重要的领域之一（Diener，E. et al.，2002）。因此，提高土地利用混合度、布局合理（可获得）的户外空间场所、提供足够数量的有适当自然光照的户外活动空间、减少噪音源和采取噪音屏蔽手段（例如复合模式的种植、地形处理、隔音设施）均可改善人们在户外空间中的活动质量和健康水平。

2.2 健康促进型户外空间环境在应对老龄化过程中的作用

健康促进型户外空间环境是指对人体健康有促进作用的户外空间环境，其核心是取得一定的健康效益，既可以是户外空间环境带来的直接健康效益（如清新的空气或接触大自然带来的健康效益），也可以是因使用户外空间环境而产生的间接健康效益。健康促进型户外空间环境不仅能够促进身体活动和主动式出行，还能促进社会交往、确保社会公正。随着年龄的增长，老年人对社区环境的依赖程度逐渐加深。社区中的物质和非物质障碍会导致老年人更难获得社区环境的健康支持。健康促进型户外空间环境建设的目标就是要消除各种壁垒，使得不同年龄段和健康状况的人群都能公平、安全、无障碍地使用户外空间环境。因此，健康促进型户外空间环境建设在应对老龄化过程中将发挥以下三方面作用。

2.2.1 从被动应对到主动干预老龄化的转变

在中国，一直以来传统的养老问题多依靠"家庭"自身解决。随着老龄化程度的加深，高龄化和慢性非传染性疾病人口数量的不断攀升，医院在满足人口老龄化带来的健康和养老需求的能力明显不足，政府开始从医院建设逐步转向疗养院、福利机构和养老机构建设。现实情况却是市区及周边地区养老床位"一床难求"，而远郊养老机构因区位条件不佳和配套设施不足无人问津。就目前养老设施供应量来说，还远不能满足日益增长的老年人口的养老需求。因此，在国家养老服务体系的建设过程中，大多数国家最终都将养老责任转向给家庭和社区来承担。

居家社区养老是社会养老服务体系的核心和重心。既有社区住宅的适老化改造是实现居家社区养老的重要基础。但既有社区存量大，需要改造的住宅数量更是庞大，对于多数家庭来说适老化改造费用也是不小的经济负担。为解决此问题，政府可通过服务购买、政策引导、提供一定的改造补助资金以及与相关企业的合作等途径，逐步推进既有社区住宅适老化改造。

社区在应对老龄化问题中起到了积极的作用。通过增强社区养老服务能力，如建设社区养老服务中心、日间照料中心、老年活动中心等途径，社区在居家社区养老系统建设中发挥了关键性作用。除了养老设施建设，社区的基础设施、公共设施和户外空间环境的适老化改造对实现积极老龄化同样意义重大。但就目前情况而言，多数既有社区适老化改造还停留在浅层的无障碍化，改造进程不能与老龄化发展速度相匹配。

从上述对居家社区养老现状的剖析不难发现，"自上而下"的"被动式"适老化更新虽然能够在一定程度上解决养老困境，但从长远来看，必须激发既有社区适老化更新的内在潜力，特别是公众参与的积极性，通过多视角、多途径、多方协作的方式共同推动老年宜居社区建设。健康促进型户外空间环境建设的核心是通过"被动式"与"主动式"相结合的方式，强调从物质环境和社会环境多角度出发，以促进居民健康为基本出发点，通过户外空间规划设计策略和社会环境营造减少社区环境给老年人带来的物质或非物质障碍，最终为建设更加包容、健康的人居环境做出贡献。

2.2.2 提升老年人的健康素养

健康素养涵盖的3个核心内容分别是健康知识和理念、健康生活方式与行为、维护和促进健康的基本技能。健康知识和理念是形成健康生活方式与行为，并拥有健康技能的基础，而健康的生活方式和健康技能对促进健康知识和理念的提升起着积极的作用（杨国莉等，2014）。

总体来说，城市社区老年人的健康素养较低，具备全面健康素养的比例仅为10.6%（李磊等，2014）。随着年龄的增长，老年人的健康素养水平不断下降，这可能与衰老导致老年人获取健康知识的途径减少相关，特别是认知老化、视力下降和听力的损失。除生理因素以外，老年人的不良心理因素如抑郁、压力、焦虑都容易造成无法集中注意力和学习动机缺乏（杨国莉等，2016）。在户外空间环境建设中应充分认识到增龄给老年人带来的困扰，例如在健康知识宣传栏设置时可以适当放大图文内容并配以音频讲解，方便老年人理解。

健康促进型户外空间环境主要作用于健康生活方式与行为来提升老年人健康素养和改善老年人健康状况。健康生活方式包含四方面内容：合理膳食、戒烟限酒、心理平衡、适量运动（国家卫生计生委办公厅，2016）。健康食物来源是合理膳食的基础和前提，城市中老年人的食物来源一般通过社区附近农贸市场、便利店和超市获得。农贸市场因菜品齐全、物美价廉、新鲜优质而受到广大消费群体的青睐。特别是部分农户将自家栽种的农产品拿到农贸市场销售，省了经销商的中间环节，不仅降低了农产品的价格，同时由于省去了过多的中间转运过程，使得城市居民能够获取到更加新鲜的农产品。但是由于城市建设过程中农贸市场缺乏统一规划，出现了布局不合理、购物环境差、阻碍道路交通等问题（冉磊等，2007）。尽管提出了"农改超""农加超""拆除农贸市场"等举措（马云甫等，2005），但农贸市场作为市民的菜篮子和米袋子的重要意义似乎没有得到应有的重视，农贸市场环境建设不仅对消费者购物行为和健康产生影响，同时还会影响到经销户的健康素养水平（曹承建等，2015）。深挖农贸市场巨大改造开发潜能，或许能成为农贸市场焕发新生和社区综合服务供给侧改革的重要机遇。

健康促进型户外空间环境能够有效提高老年人身体活动水平，并促进社区居民之间的交往行为，达到增进社区凝聚力、强化社会支持、改善老年人心理状况的效果。户外空间环境要实现健康促进的目的前提是人群的使用，不论是直接使用（例如在户外空间中活动）还是间接使用（通过观看的方式感受户外空间环境）。对于身体活动限制不高、能够自由活动的老年人来说，在户外空间环境中进行适当的身体活动能带来不错的健康效益，也就是通常所说的"动则有益"理念。除必要性活动以外（如就医、购物等），以休闲为目的的户外活动对户外空间环境的"安全性""舒适性""可达性"提出了更高的要求。特别是街道的步行环境质量和公共空间品质对老年人的健康有着直接的影响。

2.2.3 促进城市和社区健康发展

健康城市和健康社区建设是实现积极老龄化和健康老龄化的前提和保障。健康促进型户外空间环境的建设重点满足人们的健康需求，体现其健康效用，故与健康城市和健康社区的内核具有一致性。

健康城市强调健康人群、健康环境、健康社会的有机联系。健康促进型户外空间环境包含于健康环境的大概念之中，并通过物质和社会途径影响人群和社会的健康。在健康城市评估中考察的可达性、空气质量、身体活动、安全等因素，同时也是健康促进型户外空间环境的核心指标。

健康社区是健康城市的基本单元，主要由物质环境要素、经济环境要素和社会环境要素构成。物质环境要素又包括自然环境要素和建成环境要素。在城市生态系统大背景下，健康促进型户外空间环境是以建成环境要素为主，自然环境要素为辅的空间系统。健康促进型户外空间环境强调用地混合、可达性、安全性、包容性等特征，这与健康社区的核心特征相同。

因此，健康促进型户外空间环境的建设是实现健康社区和健康城市的重要途径，同时也是实现积极老龄化和健康老龄化的基本保障。

2.3 户外空间环境健康促进的机制

2.3.1 健康决定因素探析

健康是一种身体舒适或身体适应的状态，涵盖了生理和心理、适应社会和自然等多方面内容。健康是一个人适应环境的能力，健康不是一个固定的实体，因人而异，因境而异。健康包括身体健康、精神健康，以及享受生活的自由感。"健康"表现出多维性、适应性、动态性等特征。获得健康是人的基本权利。

一个人的健康状态通常受到多种因素的影响。WHO 在《社区康复指南》（2010）系列专著中列举了影响健康的关键因素：基因、个人行为和生活方式、收入和社会状态、就业和工作状况、教育、社会支持网络、文化、性别、物理环境、医疗保健服务等。以上罗列的健康决定因素部分是可以调控的，如个人行为及生活方式等，而其他因素如基因，相对不可调控。随着人类对基因治疗的深入研究，或许在未来人类可以在出生前就将关键的致病基因剔除，或者在个体成长过程中发现致病基因后通过基因治疗途径实现健康目标。目前，要实现健康目标可以从可控的健康决定因素入手，如改变不健康的个人行为和生活方式，落实无烟环境，避免酗酒，平衡膳食，养成良好的饮食和作息习惯，增强身体活动避免久坐，促进社会支持和医疗保健服务，改善人居环境等。

《塑造邻里：为了地方健康和全球可持续性》一书将影响邻里健康和幸福的决定因素归纳为由内向外不断扩展的圈层结构，由个体、生活方式、社区环境、地方经济、身体活动、建成环境、自然环境、全球生态系统等因素构成（休·巴顿等，2017）。其中，个体因素是健康决定因素的核心，包括年龄、性别与遗传因素等。尽管个体生物学和遗传因素难以控制，但个人生活方式是可以通过干预措施影响最终的健康结果的。个人生活方式如饮食、体育活动、吸烟饮酒等健康行为对健康结果的贡献率达到30%以上（田莉等，2016）。

社区环境主要由社会资本、社会网络及文化组成，强调的是社区中非物质组成部分，它是居民实现社会适应的基础。良好的社区环境、较强的社会资本和网络能够减少居民心理障碍发生率，有利于形成社区利益共同体，对社区文化建设和社区可持续发展具有重要意义。地方经济直接决定了人们的健康投入能力以及获得健康资源的机会。适当的身体活动是人们实现健康的重要途径，人居环境建设的目的之一就是为各种身体活动提供空间和设施支持，以此促进人们的身体活动水平。

自然环境和建成环境共同构成了居住空间的物质环境。要达到健康状态就离不开物质环境的作用和影响，自然环境中的空气、水、土壤等要素是人类生存的基础，建成环境则是人们生活、生产必不可少的空间载体。全球生态系统的健康与否将直接影响到上述所有健康决定因素的效用，气候稳定、生物多样性的保持是人类社会可持续发展的前提和保障。

上述健康决定因素的探讨涵盖的领域较为全面，但就中国国情而言，笔者认为还应明确政治因素对健康的影响。中国作为社会主义国家，人民的健康是国家政策制定的重要考量，包括了医疗保健、环境治理等多个方面，因此政治因素对人们健康的影响作用甚广。所谓影响健康的政治因素是指充分认识党和政府在健康范畴发挥的重要作用，以及相关健康政策的制定和具体落实。

党的十八大报告提出了"五位一体"的总体布局，即将经济建设、政治建设、文化建设、社会建设、生态文明建设视为一个有机整体。基于"五位一体"的中国特色社会主义理论体系，本书提出"六位一体"健康决定因素概念模型（图2.1）。"六位一体"健康决定因素模型由个体、政治、经济、文化、社会、生态因素构成。同时引入健康阈值（health threshold）和健康值环线（health value loop）概念。格罗斯曼（Grossman）提出的健康资本模型（model of health capital）中的"最佳"健康水平（"optimal" health level）其实质就是"健康阈值"。健康人最初是不需要医疗护理的，直到他们的健康状况恶化到格罗斯曼的"最佳"健康状况给出的某个阈值水平（Titus Galamaa et al., 2011）。高于健康阈值则个体不需要医疗护理。健康阈值会随着个体年龄增长而变化（图2.2），呈正态分布规律。健康值环线则是个体的真实健康水平。由于个体的健康受到"六位一体"健康决定因素的影响，在现实条件中，部分因素可能对健康产生积极或者消极的影响，即导致实际健康值高于或低于健康阈值。因此需要指出，尽管部分因素导致的健康值可能低于健康阈值，但由于其他健康决定因素的积极作用可能使总健康值趋于平衡状态，甚至高于总健康阈值而表现出健康状态。

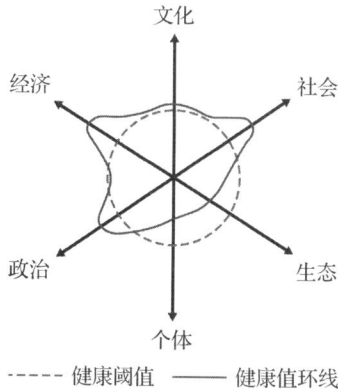

图 2.1 "六位一体"健康决定因素概念模型

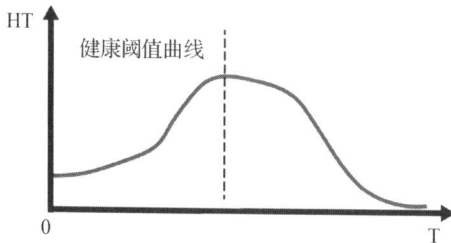

图 2.2 个体随年龄增长的健康阈值变化曲线

健康值是健康水平的一种定量描述。从个体角度而言，健康值越高越好。但就社会和个体的某一发展阶段而言，越高的健康值意味着需要投入更多的健康资源（包括医疗设施、健康设施、个人用于锻炼的时间等），因此，既要满足个体的健康需求，又要使社会资源达到最优化配置，就是在个体总健康值高于总健康阈值的前提下，使总健康值与总健康阈值间的距离最小化。两者距离最小化的意义是体现为维持健康状态需要的最小健康投入。基于上述概念，建立如下健康值线性规划模型：

$$\min Z = \left| Y - Y_0 \right|$$

$$s.t. \begin{cases} Y = X_1 \beta_1 + X_2 \beta_2 \\ X_1 = (x_{11}, x_{12}, x_{13}), X_2 = (x_{21}, x_{22}, x_{23}, x_{24}, x_{25}), \beta_1 = \begin{pmatrix} \beta_{11} \\ \beta_{12} \\ \beta_{13} \end{pmatrix}, \beta_2 = \begin{pmatrix} \beta_{21} \\ \beta_{22} \\ \beta_{23} \\ \beta_{24} \\ \beta_{25} \end{pmatrix}. \\ x_{11} \cdot x_{12} \cdot x_{13} \neq 0 \\ x_{21} \cdot x_{22} \cdot x_{23} \cdot x_{24} \cdot x_{25} \neq 0 \\ \beta \neq 0 \end{cases}$$

Z 表示总健康值与总健康阈值间的距离，Y 表示总健康值，Y_0 表示总健康阈值，X_1 表示个体因素，其中包括基因遗传、健康特征、个体特征，X_2 表示外部环境因素，其中包括政治、经济、文化、社会、生态因素。β_1、β_2 分别表示个体因素、外部环境因素对总健康值的回归系数。

本书建立的健康值线性规划模型是一个初步概念模型，进一步的量化研究需要建立相应的健康数据库。不管如何，本模式建立的初衷是希望在最大限度满足个人健康需求的同时，为此投入的社会资源相对较小，能够寻找一个动态平衡点。

2.3.2 户外空间环境健康促进机制

影响健康的因素包括个体、政治、经济、文化、社会、生态等。因此，健康促进目标可以通过作用于以上单个或多个健康决定因素实现。个体因素是实现健康促进的核心和落脚点，户外空间环境主要对个体行为活动和资源环境获取机会及能力产生影响。政治因素是一种宏观层面的总体把控和方向的指引，户外空间环境对政治因素的影响主要体现为对健康公共政策的反馈和修正。经济因素是个体拥有健康资本的重要决定因素，较好的经济能力在保障个体健康水平方面发挥着积极作用，户外空间环境通过减少个体经济支出（如减少日常生活开支、交通成本、患病概率等）和增加收入来源（如提倡生产性老龄化、扩大就业机会等）达到健康促进目标。户外空间环境对健康文化的影响主要通过文化环境营造和宣传实现，具体包括健康知识宣传设施、景观小品文化展示等。社会因素涉及社会资本和社会公平多个方面的内容，合理布局、功能复合、多样性的户外空间环境对促进社会资本、社会交往和社会公平起到积极作用。生态因素是户外空间环境产生健康影响的重要途径，生态因素包括了自然生态系统和城市生态系统，物质环境（自然环境和建成环境）是生态因素发挥健康效用的基础。

通过梳理现有研究发现，户外空间环境主要通过两种机制影响人的健康：

其一，通过个体对户外空间环境的主观评价影响其行为活动。例如户外空间环境给人带来的安全感、便捷性、舒适度、吸引力等空间感受会对人们的住区选择、饮食习惯、身体活动、出行方式、社会交往等产生影响。个体的主观环境评价直接影响到其行为活动决策，相较而言，人们更喜欢在具有安全感、设施便利、环境舒适且具有吸引力的户外空间环境中活动。高评价的主观建成环境有利于激发个体户外行为活动的积极性。人们对户外空间环境使用频率的提升，以及在户外空间环境中停留时间的延长，一方面可以促进身体活动水平的提高，另一方面，可以为各式社会交往活动提供机遇。个体层面通过选择环境更加适宜的住区、增加身体活动和社会交往活动、采取绿色的出行方式来达到健康促进目标。个体是健康决定因素的核心，尽管个体生物学和遗传因素难以控制，个人生活方式却是健康促进的干预重点。身体活动是个人生活方式的重要内容，高品质的户外空间环境对身体活动的影响将产生直接的健康效益，如改善心血管疾病、增强肺部功能、降低死亡率等。而缺少身体活动则是导致肥胖和相关慢性病的重要原因之一。

其二，通过客观户外空间环境条件影响人们的行为活动和获取资源环境的机会及能力。资源环境既包括空气、噪音、光照、水体、温度、湿度、风速等环境要素，同时也涵盖了道路交通设施、公共服务设施、绿地空间、食物获取、社会资本、能源消耗等内容。资源环境与个人内在能力共同决定了个体功能发挥的程度。个体在行为活动和获取资源环境能力的差异又会对不同的健康问题产生影响，进而得到相应的健康结果。例如空气质量与呼吸系统疾病紧密相关；噪音作为压力源可以导致高血压、心脏病、精神疾病等健康问题的增加；适当的光照强度对抑郁症治疗有一定的促进作用；道路交通设施直接影响个体出行方式，过多的机动车出行致使空气污染物质和噪音的增加，进而导致呼吸系统疾病和恶性肿瘤患病率的攀升；步行环境质量不仅影响到老年人户外发生跌倒的概率，同时与肥胖、抑郁症、意外伤害等健康问题相关；公共服务设施与个体获得健康服务的机会关系紧密；绿地空间作为城市中重要的公共开放空间，不仅能够增强个人主观幸福感、改善城市小气候条件，同时对多种健康问题（如高血压、抑郁症、呼吸系统疾病等）均能起到良好的康复作用。

健康促进型户外空间环境能够满足不同人群的使用需求，即体现出户外空间环境对人的适应性，最终结果便是提升个体的健康水平。当个体的健康水平有所提升后，则表现出更高的环境适应能力，能够提升抵抗来自外部不利因素干扰的能力。为此，本书初步构建出户外空间环境健康促进机制的框架（图2.3）。

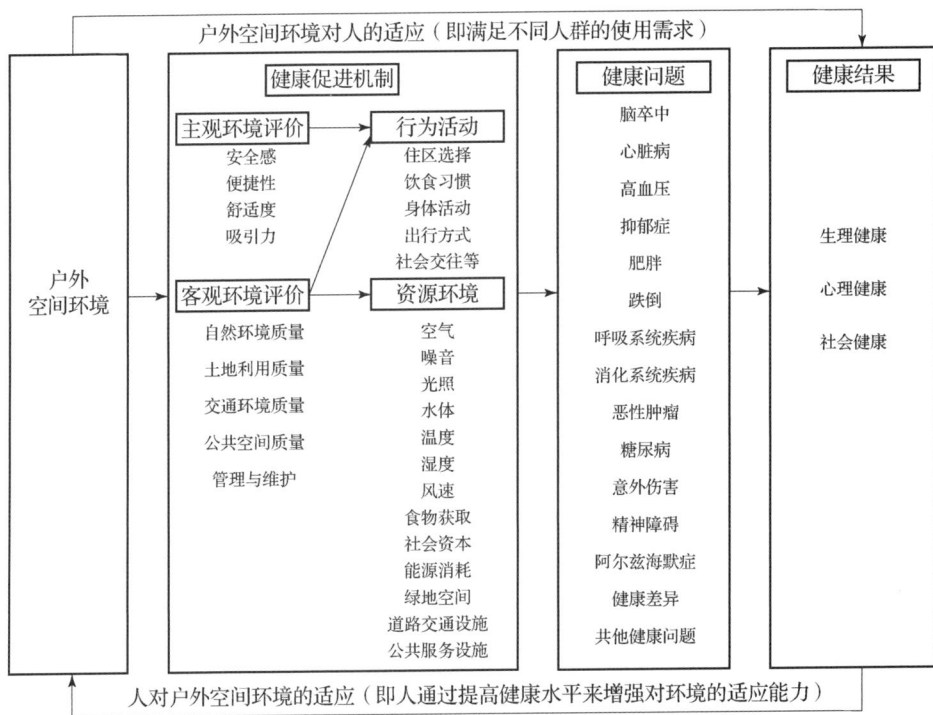

图2.3　户外空间环境健康促进机制框架

2.4 健康促进型户外空间环境评价指标体系构建

层次分析法（AHP）是一种系统性研究方法，AHP 的本质是将复杂问题简单化，即分解为具有递阶层次结构的各个组成因素与指标，通过对指标的贡献程度赋予相应的权重。层次分析法主要针对多层次、多因素和复杂问题进行综合评价。从户外空间环境健康促进机制来看，健康促进型户外空间环境评价指标体系涉及的影响因素众多、关系复杂相互交织，既有定性因素也有定量因素。因此，本书选用层次分析法作为研究方法构建评价指标体系。

2.4.1 评价指标体系的筛选方法

评价指标体系的建立主要通过文献研究（含相关规范与条例）和专家意见咨询协商确定。本书评价指标体系的构建主要参考了 WHO 健康城市评价指标体系（普蕾米拉·韦伯斯特等，2016）、WHO《全球老年友好城市建设指南》（WHO，2007）、WHO《衡量城市关爱老人的程度——核心指标使用指南》（WHO，2015）、美国"为健康设计"健康影响评估工具（DFH）（安·福赛思等，2016）、美国《健康场所建设导则》（Urban Land Institute，2015）、《包容性的城市设计——生活街道》（伊丽莎白·伯顿，2009）、邻里环境可行性量表NEWS－A(James F. Sallis，Ph. D.，2002)、建成环境 5D 模型（Robert Cervero et al.，2016）、社区康体环境评估体系（Edwards P. et al.，2008）、中国人居环境奖评价指标体系（中华人民共和国住房和城乡建设部，2010）、社区公共空间环境健康促进评价指标体系（柳庆元，2016）。

WHO 健康城市评价指标体系共 4 个类别 32 个具体指标，其中环境指标包括空气质量、绿地、运动休闲设施、步行化、公共交通可达性等。

WHO《全球老年友好城市建设指南》提出了 8 个主题，涵盖了老年人在城市生活中的主要内容，包括住房、交通、户外空间和建筑物、社会参与、尊重和社会包容、社区参与和就业、交流和信息、社区支持和卫生保健服务等。

WHO《衡量城市关爱老人的程度——核心指标使用指南》强调了对公平性度量、无障碍实体环境、包容性社会环境以及对生活质量的影响。

美国"为健康设计"健康影响评估工具（DFH）将可达性和空气质量作为健康环境营造的重点。

美国《健康场所建设导则》将健康场所特征归纳为 21 项，其中土地混合用途、人性化街道网络、高品质公共空间、社区花园、减少噪声污染、增加获得自然的机会、促进社会参与等是其核心内容。

《包容性的城市设计——生活街道》提出了包容性环境设计的 6 项基本原则：熟悉性、易读性、独特性、可达性、舒适性、安全性。

邻里环境可行性量表 NEWS – A 是邻里步行环境度量应用最广泛的量表之一，考察了邻里环境中的住宅类型、附近设施、使用服务、道路与步行环境、交通危机、居住安全性等。

建成环境 5D 模型由美国 Robert Cervero 教授提出，包括密度（density）、多样性（diversity）、设计（design）、与公共交通车站的距离（distance to transit）、目的地可达性（destination accessibility）。

社区康体环境评估体系由 7 大类组成，涵盖用地混合（多样性和可达性）、街道和步行环境、步行和自行车设施、社会支持、安全性（道路安全、犯罪、动物、天气等）、自然环境可达性、特殊人群服务。

中国人居环境奖评价指标体系包括 6 个一级指标（居住环境、生态环境、社会和谐、公共安全、经济发展、资源节约）。

社区公共空间环境健康促进评价指标体系构建了以日照、气流、植被、设施等 4 项构成的一级指标，作为衡量社区公共空间环境健康促进的基本因子，并基于一级指标提出了具体细化的 14 项二级指标。

本书的研究对象是城市既有社区健康促进型户外空间环境，就具体的研究主体和客体而言分别是城市既有社区的老年人群体和户外空间环境。基于户外空间环境健康促进机制，户外空间环境主要通过人对环境的主观评价和客观环境评价影响人的行为活动，及其资源环境获取的能力与机会。个体的主观环境评价亦是基于客观环境条件的作用形成的，故本书建立的健康促进型户外空间环境评价指标体系以客观环境评价为主。

2.4.2 评价指标体系的框架与层次结构

2.4.2.1 评价指标的选取原则

为了使本书尽可能客观、全面、真实、准确地反映出户外空间环境健康促进情况，本书在评价指标的选取过程中，尝试将整个复杂的体系结构控制在一个相对适中的水平上，目的是使评价对象的层次性更加清晰，结构更加完整。因此，指标选取主要基于以下几个原则：层次性原则、客观性原则、全面性原则、可操作性原则（表 2 – 1）。

表 2 – 1　指标选取原则

原则	具体内涵
层次性原则	根据 AHP 理论层次结构的特点，所选指标应反映出健康促进型户外空间环境影响要素的层次性，从宏观到微观，由微观到具体。
客观性原则	指尽可能客观地选择评价指标和评价标准，评价的结果应能够真实地反映出户外空间环境健康促进的客观现状。
全面性原则	指所选择的评价指标能够尽可能涵盖健康促进型户外空间环境的各个方面，设计的指标体系应该尽可能地反映城市中不同群体之前的需求关系。
可操作性原则	要求在真实、客观、全面反映健康促进型户外空间环境特征的前提下，应尽可能选择容易获取的、易于量化计算的、可靠的和具有可比性的评价指标。

2.4.2.2　建立递阶层次结构

通过综合分析文献资料、咨询相关专家意见、实际调研数据分析，利用 AHP 法，本书建立了以目标层、准则层、子准则层和指标层所构成的 4 级递阶层次的评价指标体系结构（图 2.4）。

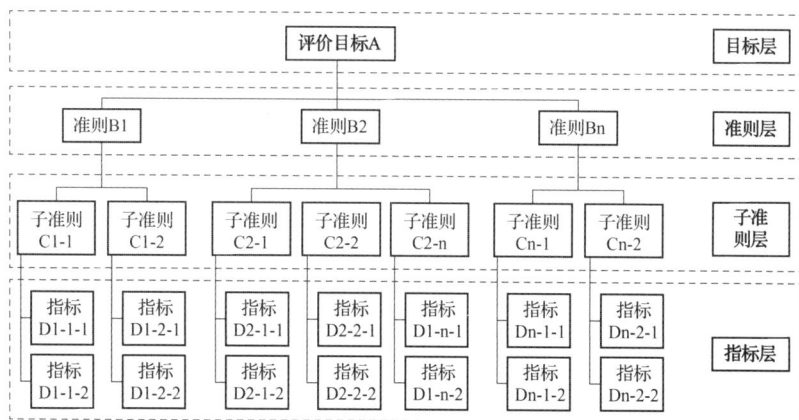

图 2.4　健康促进型户外空间环境评价指标体系构建层级结构示意图

健康促进型户外空间环境评价指标体系将评价等级分为 4 层：最高层为目标层（A），即健康促进型户外空间环境评价指标体系，是层次分析要达到的最终目标；第 2 层为准则层（B），包括 5 个具体层次，自然环境质量（B_1）、土地利用质量（B_2）、交通环境质量（B_3）、绿地空间质量（B_4）、管理与维护（B_5）；第 3 层为子准则层（C），子准则层受上一级准则层支配，共有 15 个三级指标；第 4 层是指标层（D），共包括了 48 个评价指标。它们之间相互联系相互影响，互为包含与被包含关系，详见表 2 – 2 所示。

表 2 - 2　健康促进型户外空间环境评价指标体系

健康促进型户外空间环境评价指标体系 A	自然环境质量 B1	空气 C1 - 1	空气质量优良率 D1 - 1 - 1
			空气污染指数 AQI 年平均值 D1 - 1 - 2
			负氧离子水平（个/cm³）D1 - 1 - 3
		光照 C1 - 2	日照小时数 D1 - 2 - 1
			紫外线照射度 D1 - 2 - 2
		温湿度 C1 - 3	温湿指数 D1 - 3 - 1
	土地利用质量 B2	密度 C2 - 1	人均城市建设用地面积（m²/人）D2 - 1 - 1
		用地多样性 C2 - 2	用地多样性指数 D2 - 2 - 1
		可获得性 C2 - 3	公共服务设施可获得性 D2 - 3 - 1
			绿地空间可获得性 D2 - 3 - 2
	交通环境质量 B3	步行道 C3 - 1	步行道密度（km/km²）D3 - 1 - 1
			步行道有效宽度（m）D3 - 1 - 2
			林荫步行空间比例（%）D3 - 1 - 3
			路面铺装破损情况 D3 - 1 - 4
			坐憩设施数量 D3 - 1 - 5
			过街设施间距（m）D3 - 1 - 6
			步行环境无障碍设施合理性 D3 - 1 - 7
		自行车道 C3 - 2	自行车道密度（km/km²）D3 - 2 - 1
			自行车停车设施合理性 D3 - 2 - 2
		机动车道 C3 - 3	街道密度（km/km²）D3 - 3 - 1
			街道交叉口密度（个/km²）D3 - 3 - 2
			交通信号灯密度（个/km²）D3 - 3 - 3
			街道宽度与周边建筑高度比 D3 - 3 - 4
			消防通道畅通性 D3 - 3 - 5
			噪声平均值（dB）D3 - 3 - 6
			与最近公共交通车站的距离（m）D3 - 3 - 7
			机动车停车供需比（%）D3 - 3 - 8
			地面停车率（%）D3 - 3 - 9
			残疾人专用停车位（%）D3 - 3 - 10

		公园绿地 C4－1	人均公园绿地面积（m²/人）D4－1－1
健康促进型户外空间环境评价指标体系 A	绿地空间质量 B4		公园平均面积（hm²）D4－1－2
		广场用地 C4－2	人均广场拥有量（m²/人）D4－2－1
		附属绿地 C4－3	空间绿量指数 D4－3－1
			生物多样性 D4－3－2
			屋顶绿化占比（％）D4－3－3
			屋顶绿化公共性 D4－3－4
			环境质量显示装置 D4－3－5
			运动休闲娱乐设施 D4－3－6
			紧急呼救设施 D4－3－7
			人均紧急避难场所面积（m²/人）D4－3－8
			海绵设施选用情况 D4－3－9
			绿地空间无障碍设施合理性 D4－3－10
	管理与维护 B5	景观养护 C5－1	植物养护情况 D5－1－1
			裸露地表情况 D5－1－2
		环境卫生 C5－2	环境洁净情况 D5－2－1
			垃圾站点服务半径（m）D5－2－2
		设施维护 C5－3	设施完好情况 D5－3－1
			私人占用情况 D5－3－2

2.4.2.3 健康促进型户外空间环境各指标评价标准

（1）自然环境质量

自然环境质量是对人体健康影响最大、最直接的环境要素，由 3 个子准则层构成，分别是空气、光照、温湿度。空气对人类的重要性不言而喻，空气污染是导致各种疾病的根源之一，其中最主要的是呼吸系统疾病。缺乏足够的光照不仅会影响人体健康，同时还会对人的心理情绪造成不良影响。温湿度是衡量户外空间环境舒适度的重要指标之一，良好的温湿环境可以促进人们进行更多的户外活动。自然环境质量的评价标准主要参考了国家环境质量标准、专业相关规范及相关研究：《环境空气质量指数（AQI）技术规定》（HJ 633—2012）、《人居环境气候舒适度评价》（GB/T 27963—2011）、《城市居住区规划设计规范》（GB 50180—93）（2016 年版）、《中国人居环境奖评价指标体系》等。

"空气"子准则层包括 3 个评价指标："空气质量优良率""空气污染指数 AQI 年平均值""负氧离子水平"。"空气质量优良率"参考了《中国人居环境奖评价指标体系》规定："AQI ≤ 100 的天数占全年天数比例 > 80%（优），60%—80%（良），< 60%（差）"。"空气污染指数 AQI 年平均值"参考《环境空气质量指数（AQI）技术规定》（HJ 633—2012）对空气质量指数与污染级别的划分（表 2 - 3），AQI 值 ≤ 50（优）、51—100（良）、≥ 101（差）。"负氧离子水平"主要参考了金琪等（2017）和叶宏萌等（2015）的研究，将其划分为 3 个等级：< 500 个/cm³（差），500—1 200 个/cm³（良），> 1 200 个/cm³（优）。

表 2 - 3 空气质量指数及相关信息

空气质量指数	空气质量指数级别	空气质量指数类别及表示颜色		对健康影响情况	建议采取的措施
0—50	一级	优	绿色	空气质量令人满意，基本无空气污染	各类人群可正常活动
51—100	二级	良	黄色	空气质量可接受，但某些污染物可能对极少数异常敏感人群健康有较弱影响	极少数异常敏感人群应减少户外活动
101—150	三级	轻度污染	橙色	易感人群症状有轻度加剧，健康人群出现刺激症状	儿童、老年人及心脏病、呼吸系统疾病患者应减少长时间、高强度的户外锻炼
151—200	四级	中度污染	红色	进一步加剧易感人群症状，可能对健康人群心脏、呼吸系统有影响	儿童、老年人及心脏病、呼吸系统疾病患者避免长时间、高强度的户外锻炼，一般人群适量减少户外运动

续表

空气质量指数	空气质量指数级别	空气质量指数类别及表示颜色		对健康影响情况	建议采取的措施
201—300	五级	重度污染	紫色	心脏病和肺病患者症状显著加剧，运动耐受力降低，健康人群普遍出现症状	儿童、老年人和心脏病、肺病患者应停留在室内，停止户外运动，一般人群减少户外运动
>300	六级	严重污染	褐红色	健康人群运动耐受力降低，有明显强烈症状，提前出现某些疾病	儿童、老年人和病人应当留在室内，避免体力消耗，一般人群应避免户外活动

资料来源：《环境空气质量指数（AQI）技术规定》

"光照"子准则层的指标包括：日照小时数和紫外线照射度。"日照小时数"参考了《城市居住区规划设计规范》的规定："满足冬至日日照时间大于等于 2 h 的组团绿地占场地面积 >50%（优），30%—50%（良），<30%（差）。""紫外线照射度"暂时没有相关标准或规范可供参考，故借鉴了柳庆元（2016）的研究："夏季时节，有树荫遮挡的户外活动场地面积占场地总面积比例 >50%（优），30%—50%（良），<30%（差）。"

"温湿度"子准则层是以《人居环境气候舒适度评价》中对"温湿指数"和环境舒适度的划分为标准（表 2 – 4），人体在"温湿指数"为"17.0—25.4"之间会感到舒适，低于此区间感到"冷"或"寒冷"，高于此区间感到"热"或"闷热"。因此规定，"温湿指数"在"17.0—25.4"之间时为优，"14.0—16.9"和"25.5—27.5"为良，"<14.0"和">27.5"为差。

表 2 – 4   人居环境舒适度等级划分表

等级	感觉程度	温湿指数	健康人群感觉的描述
1	寒冷	<14.0	感觉很冷，不舒服
2	冷	14.0—16.9	偏冷，较不舒服
3	舒适	17.0—25.4	感觉舒适
4	热	25.5—27.5	有热感，较不舒服
5	闷热	>27.5	闷热难受，不舒服

资料来源：《人居环境气候舒适度评价》

温湿指数（I）计算公式如下：

$$I = T - 0.55 \times (1 - RH) \times (T - 144) \tag{1}$$

式中：

I——温湿指数，保留 1 位小数；

T——某一评价时段平均温度，单位为摄氏度（℃）；

RH——某一评价时段平均空气相对湿度（%）。

（2）土地利用质量

土地利用质量对人们健康的影响是关键性的，例如住所位于工业区或城市绿地较集中的区域，两者产生的健康结果是非常直观的。良好的用地规划能够使人们远离污染源，同时更易获得各类公共服务和绿色空间。土地利用质量由"密度""用地多样性"和"可获得性"构成。

"密度"子准则层以"人均建设用地面积"为衡量指标，我国人均建设用地面积分为四类：Ⅰ类（60.1—75 m²）、Ⅱ类（75.1—90 m²）、Ⅲ类（90.1—105 m²）、Ⅳ类（105.1—120 m²）。目前我国大部分城市的人均建设用地面积指标多为Ⅰ类、Ⅱ类（周进，2005）。人均建设用地面积不足直接影响到城市建设和发展，也是导致城市问题发生的重要原因之一。基于现状规定，"人均建设用地面积"＜75 m²（差），75—90 m²（良），＞90 m²（优）。

"用地多样性"子准则层以"用地多样性指数"作为评价指标，该指标是衡量城市用地多样性的关键指标，城市用地职能类型越多，各用地规模约相近，则熵值越大，用地多样性越高。

用地多样性指数（H）的计算公式如下：

$$H = -\sum_{i=1}^{m} (P_i) Ln(P_i) \tag{2}$$

式中，P_i 是第 i 种类型的用地面积占总面积的比例，m 是用地类型的种类。

基于调查研究，规定用地多样性指数（H）＞3（优），2—3（良），＜2（差）。

"可获得性"子准则层的指标包括："公共服务设施可获得性"和"绿地空间可获得性"。目前，学界多用"可达性"表示本书所指"可获得性"，本书之所以采用"可获得性"是因为在实际调研过程中发现某些公共服务设施或绿地空间尽管拥有较高的"可达性"，例如某小区住区入口处就有一块宽约 10 m 的绿地空间，但是该绿地被围栏圈住并不能进入供人使用，大部分老年人都在绿地外的步行道上活动，实际为人服务利用价值严重偏低，所以"可获得性"比用距离计算的"可达性"更能真实反映实际效果。

"公共服务设施可获得性"主要描述居民获得教育、医疗、体育、文化等公共服务的情况。其中，公共厕所、农贸市场、医院（包括其他医疗资源）的可获得性对老年人生活影响较大。"绿地空间可获得性"直接影响到居民日常身体活动状况，也是对其健康影响的关键因素之一。绿地空间可获得性越高，居民可获得的健康收益也越高。社区公共服务设施 <1 km 范围内可获得性为 100% 是优，1—2 km（良），>2 km（差）；绿地空间步行 <500 m 范围内可获得性为 100% 是优，500—1 km（良），>1 km（差）。此标准参考了"上海 2040 规划"和《成都市城市总体规划（2016 年—2035 年）》。

（3）交通环境质量

交通环境质量影响到居民的日常出行，从更宏观的角度看，交通环境质量还影响到城市用地面积、城市空气质量以及城市能源消耗等。交通环境质量包括 3 个子准则层："步行道""自行车道"和"机动车道"。

"步行道"子准则层包括 7 个评价指标。"步行道密度"以住房和城乡建设部颁布的《城市步行和自行车交通系统规划设计导则》中的规定为标准："<10 km/km²（差），10—14 km/km²（良），15—20 km/km²（优）"；"步行道有效宽度"参考了《城市居住区规划设计规范》，规定："步行道宽度 <0.9 m（差），0.9—4 m（良），>4 m（优）"；"林荫步行空间比例"是影响行人夏季舒适度的重要指标，按照《中国人居环境奖评价指标体系》中的规定，将其划分为："<50%（差），50—70%（良），>70%（优）"；"路面铺装破损情况"是定性指标，主要是对步行道路面铺装情况的完好情况作评价，分为"优、良、差"；"坐憩设施数量"分为"有"和"无"两种情况，"有坐憩设施"的情况可加入"坐憩设施间距≤120 m"作为评价参考因子；"过街设施间距"是衡量步行连通性的重要指标，根据《城市步行和自行车交通系统规划设计导则》规定："过街设施间距应≤250 m"，因此规定，<250 m（优），250—300 m（良），>300 m（差）；"步行环境无障碍设施合理性"是建设包容性城市的核心指标，参考了《无障碍设计规范》（GB 50763—2012），包括考察有无设置盲道、盲道上有无障碍物、盲道连通性以及轮椅通行能力等内容，分为"优、良、差"。

"自行车道"子准则层包括 2 个指标："自行车道密度"和"自行车停车设施合理性"。"自行车道密度"参考《城市步行和自行车交通系统规划设计导则》规定："<8 km/km²（差），8—12 km/km²（良），13—18 km/km²（优）"；"自

行车停车设施合理性"根据调研实际情况评价，可参考《城市道路交通规划设计规范》（GB 50220—95）中规定的"自行车公共停车场服务半径＜200 m"进行评价，规定＜100 m（优），100—200 m（良），＞200 m（差）。

"机动车道"子准则层包含的指标较多，共计10项。"街道密度"以《中国人居环境奖评价指标体系》中规定的"建成区平均路网密度≥8 km/km²"为标准，规定＜8 km/km²（差），8—9 km/km²（良），9.1—10 km/km²（优）；"街道交叉口密度"是指单位面积（1 km²）内的交叉口数量，一般情况下，交叉口密度越高，人们的路径选择能力越强，规定＜15 个/km²（差），15—20 个/km²（良），＞20 个/km²（优）；"交通信号灯密度"对过街安全性产生重要影响，标准参考《道路交通信号灯设置与安装规范》（GB 14886—2016），规定＜6 个/km²（差），6—10 个/km²（良），＞10 个/km²（优）；"街道宽度与周边建筑高度比"以芦原义信对街道尺度与建筑高度的关系研究为参考对象，规定 D/H "＜1（差），1—2（优），＞3（差）"；"消防通道畅通性"参考《建筑设计防火规范》（GB 50016—2014），规定"消防车道的净宽度和净空高度均不应小于4 m，尽头式消防车道应设置回车道或回车场，回车场面积不应小于12 m×12 m；大型消防车使用的回车场面积不宜小于18 m×18 m"，若消防通道被占用一律计分为0；"噪声平均值"参考《中国人居环境奖评价指标体系》的规定，将其划分为："＜40 dB（优），40—60 dB（良），＞60 dB（差）"；"与最近公共交通车站的距离"划分为："距离住区出入口＜50 m（优），50—100 m（良），＞100 m（差）"；"机动车停车供需比""地面停车率""残疾人专用停车位"参考《城市居住区规划设计规范》和地方规定，机动车停车供需比≥10%、地面停车率≤10%、残疾人专用停车位≥2%（成都市发改委，2016）。

（4）绿地空间质量

绿地空间质量对于人们的户外生活至关重要。通常情况下，在评价绿地空间质量时习惯用"绿地率""绿化率""绿化覆盖率"等指标。健康促进型户外空间环境中的绿地空间质量在常见绿化指标基础上，应该考虑纳入更具"健康"意义的指标。根据《城市绿地分类标准》（CJJ/T 85—2017）（全国信息与文献标准化技术委员会，2017b），绿地分为公园绿地（G1）、防护绿地（G2）、广场用地（G3）、附属绿地（XG）、区域绿地（EG）。城市建成区范围主要研究的对象是公园绿地、广场用地和附属绿地。其中附属绿地又是健康促进型户外空间环境中研究的重点。附属绿地是除"绿地与广场用地"以外的绿化用地，包含了居住用地以及其他用地类型中的绿地。附属绿地尽管没有公园绿地和广场用地一样较集中的用地，但却与城市居民的日常生活联系最为紧密，因此对居民的健康影响不容忽视。

"绿地空间质量"由"公园绿地""广场用地""附属绿地"3个子准则层构成。

"公园绿地"的评价指标主要参考了《公园设计规范》（GB 51192—2016）和《中国人居环境奖评价指标体系》，包括："人均公园绿地面积"和"公园平均面积"，人均公园绿地面积 > 12 m²/人（优），10—12 m²/人（良），< 10 m²/人（差）；公园平均面积 > 2 hm²（优），1—2 hm²（良），< 1 hm²（差）。对公园平均面积的强调，主要考虑到公园面积越大，其带来的健康影响也越大。"广场用地"的评价指标为"人均广场拥有量"，其标准为 > 12 m²/人（优），10—12 m²/人（良），< 10 m²/人（差）。

"附属绿地"的评价指标共有10项。"空间绿量指数"是衡量城市空间绿量水平的指标（李敏，2018）。空间绿量指数 = 城市绿地率 + 街景绿视率。空间绿量指数不仅从指标层面显著提高了城市绿化水平，同时也将城市绿化水平的考量从"平面"维度上升到"三维"维度。综合参考《中国人居环境奖评价指标体系》和绿视率相关研究，规定："空间绿量指数 > 60%（优），45%—60%（良），< 45%（差）"。

"生物多样性"评价采用的是"香农-威纳指数（Shannon-Wiener Index）"。绿地空间中生物多样性越高，其生态效益和健康效益也越明显。

香农-威纳指数（H）的计算公式如下：

$$H = -\sum |(n_i/N)Ln(n_i/N)| \tag{3}$$

式中：n_i——第 i 个种的个体数目，N——群落中所有种的个体总数。

基于调查研究，规定生物多样性指数（H）> 2（优），1—2（良），< 1（差）。

"屋顶绿化占比"参照绿地率指标执行，规定 > 35%（优），25%—35%（良），< 25%（差）；"屋顶绿化公共性"是指屋顶绿化的权属，公共性质的屋顶绿化的健康产出最高，惠及面更广。规定：公共性质屋顶绿化（优），半公共性屋顶绿化和私人性质（良）。

绿地空间中是否有"环境质量显示装置""紧急呼救设施""运动休闲娱乐设施"对人体健康有一定的影响。上述3个指标为定性指标。"环境质量显示装置"主要公布实时的空气、噪音、温湿度状况；"紧急呼救设施"是极端情况下的应急救助设施；"运动休闲娱乐设施"包括了供成人锻炼的器械健身设施、儿童游乐设施、休憩座椅等。

"人均紧急避难场所面积"的标准为"＜1 m²/人（差）、1—5 m²/人（良），＞5 m²/人（优）"，主要参考了住房和城乡建设部《城市绿地防灾避险设计导则》和《防灾避难场所设计规范》（GB 51143—2015）；"海绵设施选用情况"是根据海绵城市建设相关要求设定；"绿地空间无障碍设施合理性"参考了《无障碍设计规范》（GB 50763—2012）中的要求。

（5）管理与维护

"管理与维护"是保障户外空间持续使用的基础，包括3个子准则层："景观养护""环境卫生""设施维护"。其中"景观养护"的指标为"植物养护情况"和"裸露地表情况"；"环境卫生"的评价指标包括"环境洁净情况"和"垃圾站点服务半径"；"设施维护"含2个指标："设施完好情况"和"私人占用情况"。以上6项指标，除"垃圾站点服务半径"为定量指标以外，其余均为定性指标。"垃圾站点服务半径"参考《城市居住区规划设计规范》，"垃圾站点服务半径≤70 m"，规定垃圾站点服务半径＜50 m（优），50—70 m（良），＞70 m（差）。

2.4.2.4 构造判断矩阵

建立递阶层次结构之后，评价指标体系的各级指标元素之间的隶属关系就已确定，假设上一层次元素准则为 A，其对下一层次元素 B_1，B_2，…，B_n 具有支配作用。因此，可以建立以准则 A 为判断准则的元素 B_1，B_2，…，B_n 间的两两比较判断矩阵，引入一个变量 a_{ij}，表示元素 B_i 与元素 B_j 进行重要性两两比较的值（表2-5），最终得出相对重要性权重。

表 2-5　正互反矩阵

A	B_1	B_2	…	B_j	…	B_n
B_1	a_{11}	a_{12}	…	a_{1j}	…	a_{1n}
B2	a_{21}	a_{22}	…	a_{2j}	…	a_{2n}
…	…	…	…	…	…	…
B_j	a_{j1}	a_{j2}	…	a_{jj}	…	a_{jn}
…	…	…	…	…	…	…
B_n	a_{n1}	a_{n2}	…	a_{nj}	…	a_{nn}

$$A = \begin{bmatrix} a_{11} & a_{12} & \cdots & a_{1n} \\ a_{21} & a_{22} & \cdots & a_{2n} \\ \cdots & \cdots & \cdots & \cdots \\ a_{n1} & a_{n2} & \cdots & a_{m} \end{bmatrix}$$

矩阵 A 即为两两比较判断矩阵，并满足以下几个条件：

$$a_{ij} > 0, a_{ii} = 1, a_{ij} = 1/a_{ji}（其中 i, j = 1, 2, \cdots, n）$$

对于判断矩阵的元素赋值 AHP 常采用的是 Satty 的 "1—9 标度法"，9 标度法中的矩阵元素 a_{ij} 的值与被比较元素的相对重要性程度之间的对应关系见表 2 - 6：

表 2 - 6 "1—9 标度" 值含义表

标度 a_{ij}	影响程度
$a_{ij} = 1$	B_i 因素和 B_j 因素同等重要
$a_{ij} = 3$	B_i 因素比 B_j 因素略重要
$a_{ij} = 5$	B_i 因素比 B_j 因素重要
$a_{ij} = 7$	B_i 因素比 B_j 因素重要得多
$a_{ij} = 9$	B_i 因素比 B_j 因素绝对重要
$a_{ij} = 2, 4, 6, 8$	介于两种判断之间的状态的标度

资料来源：Satty. T. L. The Analytical Hierarchy [M]. New York：MeGraw - Hill Inc. 1980.

2.4.2.5　权重计算

计算过程如下：

①将判断矩阵每一行元素连乘得到 $M_i = \prod_{j=1}^{n} a_{ij}, i = 1, 2, \cdots, n$。

②计算 M_i 的 n 次方根 $\overline{W}_i = \sqrt[n]{M_i}$。

③对向量 $w = [\overline{W}_1, \overline{W}_2, \cdots, \overline{W}_n]^T$ 归一化，$w_i = \overline{W}_i \big/ \sum_{i=1}^{n} \overline{W}_i$，$w$ 即为指标权重。

2.4.2.6　判断矩阵一致性检验

（1）判断矩阵的最大特征根计算：

$$\lambda_{max} = \frac{1}{n} \sum_{i=1}^{n} \frac{(AW)_i}{w_i} \tag{4}$$

式中：A 为判断矩阵，W 为权重矩阵，w_i 为指标权重，n 为判断矩阵阶数。

（2）一致性指标计算：

$$CI = (\lambda_{max} - n)/(n-1) \tag{5}$$

式中：λ_{max} 为最大特征根，n 为判断矩阵阶数。

（3）相对一致性指标计算：

$$CR = CI/RI \tag{6}$$

当式（3）中 $CR < 0.1$ 时，说明判断矩阵的一致性是可以接受的。当 $CR > 0.1$ 时，说明判断矩阵不符合完全一致性条件，因此需要进行适当调整和修正。

RI 值是经过多次重复进行随机判断矩阵特征值计算后取算术平均数得到的，它与判断矩阵的阶数有关，表 2-7 给出了 1—10 阶矩阵的 RI 值。

表 2-7　平均随机一致性指标

阶数 n	1	2	3	4	5	6	7	8	9	10
RI	0	0	0.52	0.89	1.12	1.26	1.36	1.41	1.46	1.49

资料来源：赵焕成. 层次分析法 [M]. 北京：北京出版社. 1986.

2.4.3　计算单层因素权重

本书采用模糊记号填写的形式，通过将模糊记号转换成标度值的形式进行相应的计算工作。模糊记号的意义说明和指标间两两比较表见表 2-8、表 2-9：

表 2-8　问卷模糊记号的意义说明表

填表标度记号	模糊比较意义	标度值
=	同样重要	1
>（或<）	稍微重要（或稍微不重要）	1.50（或0.67）
>>（或<<）	重要（或不重要）	2.33（或0.43）
>>>（或<<<）	很重要（或很不重要）	4.00（或0.25）
>>>>（或<<<<）	极端重要（或极端不重要）	9.00（或0.11）

资料来源：Satty. T. L. The Analytical Hierarchy [M]. New York：MeGraw - Hill Inc. 1980.

表 2 – 9　准则层指标重要性比较例表

需要比较的项目		前者比后者，在对应的位置打√								
		极端重要	很重要	重要	稍微重要	同样重要	稍微不重要	不重要	很不重要	极端不重要
		>>>>	>>>	>>	>	=	<	<<	<<<	<<<<
B1	B2			√						
	B3			√						
B2	B3					√				
	B4					√				
B3	B4				√					
	B5					√				
B4	B5				√					

资料来源：赵焕成. 层次分析法［M］. 北京：北京出版社 .1986.

通过征求多名专家意见结合调研数据的分析，建立两两比较矩阵，利用加权平均值算法，进一步计算出各层次指标的权重及其相应的一致性指标，由于本书判断矩阵为 4 阶，故一致性检验指标 $RI = 0.89$。计算得出相对一致性 $CR = 0.017 < 0.1$，表示本书判断矩阵的一致性是可以接受的。表 2 – 10 为比较矩阵 A – B 计算结果。

表 2 – 10　比较矩阵 A – B

健康促进型户外空间环境评价指标体系	自然环境质量	土地利用质量	交通环境质量	绿地空间质量	管理与维护	权重
自然环境质量	1.000	2.053	2.887	3.052	7.966	0.439
土地利用质量	0.487	1.000	1.777	1.610	4.202	0.231
交通环境质量	0.346	0.563	1.000	1.057	1.333	0.125
绿地空间质量	0.328	0.621	0.946	1.000	2.610	0.142
管理与维护	0.126	0.238	0.750	0.383	1.000	0.063

注：$\lambda_{max} = 5.060$；$CI = 0.015$；$CR = 0.017$。

目标层与准则层权重确定后，需进一步计算准则层与子准则层的权重及一致性检验，具体内容见下列表（表 2 – 11、表 2 – 12、表 2 – 13、表 2 – 14、表 2 – 15）。

表2-11　自然环境质量下属子准则层比较矩阵、权重及一致性检验表

自然环境质量	空气	光照	温湿度	权重
空气	1.000	3.443	2.887	0.607
光照	0.290	1.000	0.590	0.157
温湿度	0.346	1.695	1.000	0.236

注：$\lambda_{max} = 3.014$；$CI = 0.007$；$CR = 0.008$。

表2-12　土地利用质量下属子准则层比较矩阵、权重及一致性检验表

土地利用质量	密度	用地多样性	可获得性	权重
密度	1.000	0.667	0.429	0.199
用地多样性	1.500	1.000	0.383	0.251
可获得性	2.330	2.610	1.000	0.550

注：$\lambda_{max} = 3.030$；$CI = 0.015$；$CR = 0.017$。

表2-13　交通环境质量下属子准则层比较矩阵、权重及一致性检验表

交通环境质量	步行道	自行车道	机动车道	权重
步行道	1.000	2.610	2.330	0.545
自行车道	0.383	1.000	0.510	0.173
机动车道	0.429	1.961	1.000	0.282

注：$\lambda_{max} = 3.035$；$CI = 0.017$；$CR = 0.020$。

表2-14　绿地环境质量下属子准则层比较矩阵、权重及一致性检验表

绿地环境质量	公园绿地	广场用地	附属绿地	权重
公园绿地	1.000	1.282	0.750	0.314
广场用地	0.780	1.000	0.429	0.221
附属绿地	1.333	2.330	1.000	0.465

注：$\lambda_{max} = 3.011$；$CI = 0.005$；$CR = 0.006$。

表2-15　管理与维护下属子准则层比较矩阵、权重及一致性检验表

管理与维护	景观养护	环境卫生	设施维护	权重
景观养护	1.000	0.780	1.000	0.302
环境卫生	1.282	1.000	1.610	0.418
设施维护	1.000	0.621	1.000	0.280

注：$\lambda_{max} = 3.006$；$CI = 0.003$；$CR = 0.003$。

以目标层总分为 100 分计，对子准则层各要素赋值后进行排序，由表 2 - 16 可知，空气、可获得性、温湿度、步行道、光照、附属绿地对健康促进型户外空间环境评价影响最大，上述 6 项要素的合计分值为 70.2 分，即对健康促进型户外空间环境的贡献率为 70.2%。其中空气要素的分值最高（26.7 分），其次是可获得性（12.7 分）。

表 2 - 16　子准则层赋值汇总表

子准则	分值	子准则	分值
空气	26.7	公园绿地	4.4
可获得性	12.7	机动车道	3.7
温湿度	10.4	广场用地	3.1
步行道	7.1	环境卫生	2.5
光照	6.9	自行车道	2.3
附属绿地	6.5	景观养护	1.8
用地多样性	5.8	设施维护	1.7
密度	4.6	合计	100

由于指标层包含的指标内容较多，子准则层与指标层之间的权重和一致性检验计算过程从略。最后，计算出健康促进型户外空间环境评价指标权重总表 2 - 17 所示。

表 2 - 17　健康促进型户外空间环境评价指标权重汇总表

目标层	准则层	子准则层	指标层	指标权重
健康促进型户外空间环境评价指标体系 A	自然环境质量 B1	空气 C1 - 1	空气质量优良率 D1 - 1 - 1	0.072
			空气污染指数 AQI 年平均值 D1 - 1 - 2	0.115
			负氧离子水平（个/cm³）D1 - 1 - 3	0.080
		光照 C1 - 2	日照小时数 D1 - 2 - 1	0.053
			紫外线照射度 D1 - 2 - 2	0.016
		温湿度 C1 - 3	温湿指数 D1 - 3 - 1	0.104
	土地利用质量 B2	密度 B2 - 1	人均城市建设用地面积（m²/人）D2 - 1 - 1	0.046
		用地多样性 B2 - 2	用地多样性指数 D2 - 2 - 1	0.058
		可获得性 B2 - 3	公共服务设施可获得性 D2 - 3 - 1	0.073
			绿地空间可获得性 D2 - 3 - 2	0.054

续表

目标层	准则层	子准则层	指标层	指标权重
健康促进型户外空间环境评价指标体系A	交通环境质量B3	步行道C3-1	步行道密度（km/km²）D3-1-1	0.021
			步行道有效宽度（m）D3-1-2	0.013
			林荫步行空间比例（%）D3-1-3	0.004
			路面铺装破损情况D3-1-4	0.008
			坐憩设施数量D3-1-5	0.005
			过街设施间距（m）D3-1-6	0.011
			步行环境无障碍设施合理性D3-1-7	0.006
		自行车道C3-2	自行车道密度（km/km²）D3-2-1	0.014
			自行车停车设施合理性D3-2-2	0.008
		机动车道C3-3	街道密度（km/km²）D3-3-1	0.004
			街道交叉口密度（个/km²）D3-3-2	0.004
			交通信号灯密度（个/km²）D3-3-3	0.003
			街道宽度与周边建筑高度比D3-3-4	0.003
			消防通道畅通性D3-3-5	0.003
			噪声平均值（dB）D3-3-6	0.003
			与最近公共交通车站的距离（m）D3-3-7	0.003
			机动车停车供需比（%）D3-3-8	0.003
			地面停车率（%）D3-3-9	0.003
			残疾人专用停车位（%）D3-3-10	0.003
	绿地空间质量B4	公园绿地C4-1	人均公园绿地面积（m²/人）D4-1-1	0.037
			公园平均面积（hm²）D4-1-2	0.007
		广场用地C4-2	人均广场拥有量（m²/人）D4-2-1	0.031
		附属绿地C4-3	空间绿量指数D4-3-1	0.008
			生物多样性D4-3-2	0.007
			屋顶绿化占比（%）D4-3-3	0.006
			屋顶绿化公共性D4-3-4	0.006
			环境质量显示装置D4-3-5	0.006
			运动休闲娱乐设施D4-3-6	0.006
			紧急呼救设施D4-3-7	0.006
			人均紧急避难场所面积（m²/人）D4-3-8	0.006
			海绵设施选用情况D4-3-9	0.006
			绿地空间无障碍设施合理性D4-3-10	0.006

目标层	准则层	子准则层	指标层	指标权重
健康促进型户外空间环境评价指标体系 A	管理与维护 B5	景观养护 C5-1	植物养护情况 D5-1-1	0.015
			裸露地表情况 D5-1-2	0.004
		环境卫生 C5-2	环境洁净情况 D5-2-1	0.015
			垃圾站点服务半径（m）D5-2-2	0.011
		设施维护 C5-3	设施完好情况 D5-3-1	0.010
			私人占用情况 D5-3-2	0.008

判断健康促进型户外空间环境建设水平和程度，需要建立一个等级评定标准。以目标层总分为 100 分计，根据表 2-18 的评价分级，可以对综合评价结果进行判断。

表 2-18　健康促进型户外空间环境评价指标分级标准

评价等级	一级	二级	三级	四级	五级
评价分值	>90 分	90 分—80 分	80 分—60 分	60 分—40 分	≤40 分
质量状况	优	良	中	差	劣

2.5　小结

本章从户外空间环境与健康促进的关系入手，首先分析了户外空间环境对身体活动、出行行为及其对人生理、心理健康的影响，说明户外空间环境特征和身体活动设施的质量显著影响着使用者的身体活动行为。户外空间环境带来的安全性、可达性、舒适性、美感度等空间感受也会影响到居民身体活动行为。

相较于年轻人来说，老年人更加依赖户外空间环境的出行友好程度。老年人更愿意选择步行、公共交通、自行车作为出行的首选方式。在影响中国老年人出行方式的选择方面，公共交通可达性和菜市场（农贸市场）、开放空间、公园、棋牌室的位置对老年人出行行为起到决定性影响。

功能混合的土地利用、高连通性的城市道路系统、良好的行人基础设施、合理布局的城市开敞空间以及高覆盖率的娱乐和休闲服务设施（特别是住宅附近的文体设施密度），不仅能为居民就近开展身体活动、选择绿色出行方式提供支持，同时还对降低身体质量指数（BMI）、减少超重和慢性非传染性病发生率起到积极作用。提高土地利用混合度、布局合理（可获得）的户外空间场所、提供足够数量适当自然光照的户外活动空间、减少噪音源和采取噪音屏蔽手段（例如复合模式的种植、地形处理、隔音设施）均可改善人们在户外空间中的活动质量和健康水平。

可见，健康促进型户外空间环境在应对老龄化过程中发挥了重要的积极作用。可将现阶段我国养老模式从被动应对到主动干预老龄化的方向转变、提升老年人的健康素养、促进城市和社区健康发展。

然而，其健康促进机制还有必要进一步分析。本书提出了"六位一体"健康决定因素概念模型，该模型由个体、政治、经济、文化、社会、生态因素构成。同时还引入了健康阈值（health threshold）和健康值环线（health value loop）概念，并建立了健康值线性规划模型。通过梳理现有研究发现，户外空间环境主要通过两种机制影响人的健康：其一，通过个体对户外空间环境的主观评价影响其行为活动；其二，通过客观户外空间环境条件影响人们的行为活动和获取资源环境的机会及能力。以此为依据，建立了户外空间环境健康促进机制框架。

健康促进机制需要建立了一套科学合理的评价指标体系才能保障其落地运行。本书通过层次分析法（AHP）构建了目标层（A）；包括自然环境质量（B1）、土地利用质量（B2）、交通环境质量（B3）、绿地空间质量（B4）、管理与维护（B5）5个准则层；15个三级指标的子准则层；48个四级指标的评价指标层的健康促进型户外空间环境评价指标体系。通过计算，得出"空气"指标的综合权重最大，为0.27；"可获得性"指标次之，为0.13。

| 第三章 |

成都城市既有社区户外空间环境调查与评价

3.1 自然环境

3.1.1 成都市自然环境特点

成都市位于四川盆地西部边缘，地处川西北高原向四川盆地过渡的交接地带，属亚热带湿润季风气候区。受盆地特殊地貌影响，成都市气候特点表现为：夏无酷暑（7—8月平均最高温30℃），冬少冰雪（1月平均最低温3℃），气候温和（年平均气温在16.5—17.9℃），夏季长，冬季短，降雨多集中在7—8月份（降雨量约占全年的一半），风速小（年平均风速为1.3m/s，最多风向是静风），湿度大（年平均相对湿度为82%），云雾多，日照少（年总日照时数为1042—1412h）（成都年鉴社，2017）（表3-1）。

表3-1 成都市温湿度年平均值

平均数据	1月	2月	3月	4月	5月	6月	7月	8月	9月	10月	11月	12月
平均高温（℃）	10	12	17	22	26	28	30	30	26	21	16	11
平均低温（℃）	3	5	8	13	17	20	20	20	19	15	9	5
降雨量（mm）	5	10	20	45	80	110	235	245	120	40	15	5

从区域尺度看，成都市受到成渝城市群生态屏障保护，包括大小凉山水土保持和生物多样性生态功能区、川滇森林及生物多样性生态功能区、秦巴生物多样性生态功能区、三峡库区水土保持生态功能区、武陵山区生物多样性与水土保持生态功能区。2015年，成都市区（市）县生态环境状况评价为"良"，生态环境状况指数（EI）为65.7，但原中心城区生态环境状况"一般"（成都市环境保护局，2017）。

《成都市城市总体规划（2016—2035年)》提出了"两山、两网、两环、六片"的成都市生态安全格局（成都市规划管理局，2018）。"两山"指成都市东侧的龙泉山以及西侧的龙门山；"两网"是指由岷江水系网和沱江水系网构筑的成都市水生态安全格局；"两环"是以成都市四环路（原第一绕城高速）、六环路（原第二绕城高速）为基础构建的环城生态区；"六片区"包括：天府生态区、崇温生态区、都彭生态区、邛蒲生态区、龙青生态区及金简生态区等生态隔离区。

尽管成都市具有较好的生态本底，但城市面临的环境问题依旧突出。成都市面临的主要环境问题包括大气污染、噪声污染等。

大气污染。影响成都市空气质量的因素有以下几点：其一，污染扩散气象条件差。大气污染物在四川盆地内积聚，加上冬季少雨、风速小、云雾多等气候特点，使得空气污染现象在冬季尤为突出（图3.1）。其二，机动车尾气排放导致的高水平二氧化氮污染。成都市汽车保有量高居全国第二，多达412万辆。2016年成都市二氧化氮浓度为54 ug/m³，污染水平高居全国第8位。二氧化氮浓度的日变化与汽车出行的上下班高峰时段吻合，表明了汽车尾气对二氧化氮浓度贡献较大。机动车导致的道路扬尘对空气质量也产生了不利影响。其三，冬季污染物以PM2.5为主，夏季污染物多为臭氧。PM2.5是人们熟知的"健康杀手"，臭氧被称为"健康隐形杀手"。一年中臭氧污染持续时间较长，一般为4—10月，其中6—8月是臭氧浓度最高的月份。一天之中，臭氧高峰浓度一般出现在中午一点左右，并持续到2—3点。臭氧不仅能增加心脏负担，与PM2.5一样也容易导致呼吸系统疾病。

图3.1 成都市空气污染对比图

随着空气治理的持续推进，成都市空气治理逐步向好的方向迈进。相较于2013年，2017年成都市PM2.5年平均浓度为56 ug/m³，下降42.3%；PM10年平均浓度为90 ug/m³，下降40%；重度污染天数为23天，下降62.9%；优良天数为235天，上升78%。

噪声污染。按照区域使用功能特点和相应的环境质量要求，可以将声环境分为 5 种功能区（表 3 – 2）。各声环境功能区适用的环境噪声限值如表 3 – 3 所示。

表 3 – 2　声环境功能区分类

声环境功能区	使用功能
0 类	指康复疗养区等特别需要安静的区域。
1 类	指以居民住宅、医疗卫生、文化教育、科研设计、行政办公为主要功能，需要保持安静的区域。
2 类	指以商业金融、集市贸易为主要功能，或者居住、商业、工业混杂，需要维护住宅安静的区域。
3 类	指以工业生产、仓储物流为主要功能，需要防止工业噪声对周围环境产生严重影响的区域。
4 类	指交通干线两侧一定距离之内，需要防止交通噪声对周围环境产生严重影响的区域，包括 4a 类和 4b 类两种类型。4a 类为高速公路、一级公路、二级公路、城市快速路、城市主干路、城市次干路、城市轨道交通（地面段）、内河航道两侧区域；4b 类为铁路干线两侧区域。

表 3 – 3　环境噪声限值　　　　　　单位：dB（A）

声环境功能区类别		时段	
		昼间	夜间
0 类		50	40
1 类		55	45
2 类		60	50
3 类		65	55
4 类	4a 类	70	55
	4b 类	70	60

资料来源：《声环境质量标准》（GB 3096—2008）。

2016 年成都市城区各类功能区的声环境质量中（表 3 – 4），1 类和 4a 类达标率最低。1 类功能区昼间达标率为 50%，而夜间达标率仅为 13%；4a 类功能区昼间达标率为 50%，而夜间达标率仅为 10%。从以上数据可以发现，居民生活环境（包括居住区和周边道路）中声环境质量较差，噪声污染给居民生活带来不利影响，同时影响居民的身体健康。

表 3 - 4　2016 年成都市城区功能区声环境达标率

城市名称	功能区类别	1 类		2 类		3 类		4a 类		4b 类	
		昼	夜	昼	夜	昼	夜	昼	夜	昼	夜
成都	达标点次	4	1	24	22	15	9	10	2	8	8
	监测点次	8	8	28	28	16	16	20	20	8	8
	达标率（%）	50	13	86	79	94	56	50	10	100	100

资料来源：成都市环境保护局，2017。

3.1.2　城市既有社区微气候环境调查分析

城市中不同的建成环境对微气候的影响是有差异的。Angeliki 等（2016）探讨了不同的城市设计对夏季行人热舒适的影响。研究发现，场地乔木郁闭度为 20% 时，测量得到的温度相对于无乔木的情况下降了 38.8%；当乔木郁闭度达到 100% 时，场地温度相对于无乔木的情况下降了 40.3%。同时，研究者还对比了不同下垫面的降温能力。当场地的水覆盖率达 100%，对比城市硬质下垫面，其温度下降 22.7%；当场地的草坪覆盖率达 100%，对比城市硬质下垫面，其温度下降 16.7%。由此可见，乔木对夏季微气候环境的温度调节能力最强。研究还发现，减小城市建筑之间的间距，以及增加场地中有顶设施面积均能有效降低夏季微气候环境的温度。

户外空间环境中人体感受到的舒适温度范围大概在 25—30 ℃ 之间，而适宜的湿度范围约在 45—55% 之间（格拉姆·霍普金斯等，2012）。户外活动在 28—32 ℃ 的中性热阈值后下降，而当温度达到 30—48 ℃ 的范围内可能出现零活动情况（E. Sharifi et al.，2017）。已有研究表明，夏季城市的炎热气温对人类健康有负面影响。拥有更多树冠和自然景观的户外空间对热应力具有更强的适应能力。因此，通过微气候调节策略能够使场地舒适度提高，延长人们夏季在户外活动的时间，减少高温对人体健康的伤害。基于以上内容，笔者对成都城市既有社区中不同户外空间的微气候环境进行了对比分析，并提出了具体的户外空间气候适应性策略。

3.1.2.1　研究对象与方法

本书采用典型区域代表样地/样线调查测量方法，选择了户外空间类型多样、既有社区数量相对集中的双楠街道办少城社区的少陵路（含 3 个样地）、紫藤路、紫藤花园 5 个样地作为现场调查对象，将城市气温作为对照组（CK）（图 3.2），测量了 5 种户外空间场所的空气温度、相对湿度、风速微气候数据，分析不同户外空间环境中的微气候变化规律。具体测量 5 个户外空间点位特征如下：点位 1 为街边广场，其上无覆盖物，下垫面为花岗岩路面；点位 2 为街边绿地，其中栽植有几棵稀疏的小乔木，因长势不佳对测量不造成影响，下垫面为地被和低矮灌木；点位 3 是同样为街边绿地，其上乔木成荫（乔木覆盖率约 100%），下垫面为地被；点位 4 为步行道，两侧栽植的高大乔木形成了良好的林荫空间，下垫面为陶土路面；点位 5 是紫藤花园底层架空层，常用作停车和居民活动的场所。

测试点位置		
点位1	点位2	点位3
点位4	点位5	

图 3.2　观测点位置及各点位现状

现场调查的时间为 2017 年 8 月 8—10 日，调查期间天气状况良好，晴朗少云。每天观测的 4 个时间节点为上午 8：00、下午 14：00、下午 17：00、晚上 19：00。时间节点选择的依据是：下午 14：00 是夏季温度最高的时间段，其余时间节点处在社区居民户外活动的集中时间段。调查使用的是符合国家标准的测量仪器（深达威 SW572 温湿度计、希玛 100836 风速仪），将其固定在距离地面 1.5 m 高的三脚架上，5 个点位的课题成员在 4 个时间节点同时测量 10 min平均值，连续测 3 天，取平均值作为分析数据。

3.1.2.2 调查结果

（1）空气温度

测试结果发现（表 3 - 5），点位 3 的降温效果最为明显，相较于城市气象温度，点位 3 温度的平均降幅为 37.4%。点位 4 温度的平均降幅与点位 3 接近，为 34.4%。其次为点位 5 和点位 2。点位 1 不仅没有降温效果，无任何遮挡物的广场空间反而增加了空气温度，平均增幅为 6.8%。结果表明，乔木对场地降温作用最为有效，其次为有顶设施，而广场铺装加剧了城市的热岛效应，降低了场地的热舒适性。

表 3 - 5　5 个测点的实测空气温度与城市气象温度

测试点位（时间）	8：00	14：00	17：00	19：00
城市（CK）	30.0	35.0	35.0	33.0
1	31.5	37.8	37.1	35.6
2	28.5	32.6	32.2	31.4
3	19.5	21.7	21.0	21.1
4	21.0	22.8	22.1	21.5
5	22.5	27.7	27.3	25.1

对空气温度的方差分析显示（表 3 - 6），对照组（CK）与点位 3、4、5 的空气温度差异显著，说明"乔木 + 地被""乔木 + 铺装""架空层"均能显著降低空气温度。点位 3 的空气温度均值最低，说明"乔木 + 地被"降温效果最好。因此将点位 3 的温度数据与点位 1、2、4、5 再进行比较。点位 3 与其余测试点的方差结果显示（表 3 - 7），测试点 3 与 1、2、5 的空气温度差异显著，说明相较于其他空间，"乔木 + 地被"组合的户外空间环境降温效果最佳。测试点 3 与测试点 4 差异不显著，因此"乔木"是对户外空间的空气温度影响最为关键的因素。

表 3 – 6　空气温度的方差分析

测试点位	均值	标准偏差	标准误	显著性
城市（CK）	33.25	2.36	1.18	
1	35.50	2.82	1.41	0.130
2	31.18	1.85	0.93	0.161
3	20.83	0.94	0.47	0.000*
4	21.85	0.78	0.39	0.000*
5	25.65	2.39	1.20	0.000*

表 3 – 7　点位 3 与其他点位空气温度的方差分析

测试点位	均值	标准偏差	标准误	显著性
3	20.83	0.94	0.47	
1	35.50	2.82	1.41	0.000*
2	31.18	1.85	0.93	0.000*
4	21.85	0.78	0.39	0.479
5	25.65	2.39	1.20	0.003*

（2）相对湿度

从 5 个测试点位的数据来看（表 3 – 8），所有测量数据都表现出与城市气象湿度一致的变化趋势，即从早到晚，先下降再逐步回升，下午 14：00 左右达到相对湿度最低值。与空气温度的结果相似，点位 3 点增湿作用最好，点位 3 的相对湿度相较于城市气象湿度平均增幅为 24.1%。点位 1 效果最差，相对湿度平均降低 12.3%。5 个点位的增湿效果从好到差依次为：点位 3＞点位 4＞点位 5＞点位 2＞点位 1。

表 3 – 8　5 个测点的实测相对湿度与城市空气湿度

测试点位（时间）	8：00	14：00	17：00	19：00
城市（CK）	65%	49%	51%	55%
1	58%	43%	45%	47%
2	69%	51%	53%	57%
3	75%	63%	66%	69%
4	72%	58%	66%	65%
5	72%	55%	56%	62%

从测试点的相对湿度方差分析（表3－9）看，城市组的相对湿度仅与点位3、4差异显著，说明"乔木＋地被""乔木＋铺装"的增湿效果最好，同时也说明"乔木"是户外空间环境中增湿的关键因素。

表3－9　相对湿度的方差分析

测试点位	均值	标准偏差	标准误	显著性
城市（CK）	0.55	0.07	0.04	
1	0.48	0.07	0.03	0.180
2	0.58	0.08	0.04	0.611
3	0.68	0.05	0.03	0.013*
4	0.65	0.06	0.03	0.048*
5	0.61	0.08	0.04	0.213

（3）风速

成都市为静风区，气象观测的风速大多为0—2 m/s（曾煜朗等，2014）。本书利用风速仪在观测时间内获得的风速数据多在0.5—1.5 m/s之间，对场地影响较小。

（4）舒适度

本书在获取了温度和湿度数据后，进行了户外空间环境舒适度比较。人体在"温湿指数"为"17.0—25.4"之间会感到舒适，低于此区间感到"冷"或"寒冷"，高于此区间感到"热"或"闷热"。结果发现，点位3、4、5均能有效改善户外空间环境的舒适度，而点位1、2改善作用不明显（表3－10）。

表3－10　5个测点的环境舒适度与城市环境舒适度

测试点位（时间）	8：00	14：00	17：00	19：00
城市（CK）	27.0	29.2	29.4	28.4
1	27.5	30.5	30.2	29.4
2	26.1	27.7	27.6	27.3
3	18.8	20.2	19.8	20.0
4	20.0	20.8	20.6	20.1
5	21.3	24.4	24.2	22.8

3.1.2.3 户外空间的气候适应性优化策略

（1）提供多种遮阳措施

依据户外空间中乔木的降温增湿效果最佳的结果，为场地采取一定的遮阳措施能够有效降低场地温度，进而增加环境舒适性。户外空间中常见的遮阳措施包括植物、构筑物、建筑物。

植物乔木郁闭度越高，能有效阻挡的太阳辐射也越多，降温增湿作用越发明显。在设计林荫道时，双排行道树相比单排行道树降温增湿效果更好。在选用树种时，除了考虑郁闭度以外，还需要考虑常绿树种与落叶树种的搭配。常绿树尽管可以保持四季景观效果不变，同时保持降温增湿效果，但在冬季容易导致场地光照不足，阴冷不舒适，因此配置一定比例落叶树种可解决冬季成都因光照不足导致阴湿环境造成的人体舒适度下降的缺陷。

户外空间的构筑物包括景观亭、景观廊架等。通过对构筑物形态、色彩等精心考量，使其成为城市特色的展现窗口。尽管景观构筑物的降温增湿作用不及乔木，但它们还能提供户外遮风避雨的功能。景观构筑物应结合各类活动场地设置，最大限度地满足人们的使用需求。

这里提及的建筑空间系指檐廊、骑楼、架空层等。这类建筑空间不能被简单地视为户外空间，也非完全的室内空间，因此常称这类空间为"灰空间"或"过渡空间"。"灰空间"一方面增加了空间层次，另一方面还能为居民提供活动场地和环境庇护。从本书的研究来看，建筑架空层的降温增湿效果仅次于乔木群。

（2）选择适宜的下垫面材料

不同的下垫面材料起到的降温增湿作用有所不同。有学者研究了阳光下6种下垫面材料的表面温度由高到低依次为：黑色大理石＞灰色花岗岩＞白色大理石＞多空米色石＞全白大理石＞草坪（Angeliki Chatzidimitriou et al.，2015）。目前，随着海绵城市建设持续推进，透水性铺装越来越多地使用到各种场地之中，透水性铺装不仅可以有效缓解地表径流、增加地下水回补，同时在改善城市热岛效应方面发挥着积极作用。但需要注意，透水性铺装在雨后能持续增加环境空气湿度，夏季高温高湿环境可能加强人们的不舒适感。

（3）改善户外空间通风能力

场地设计可以有效改善或阻碍户外空间的通风能力，与主导风向一致的通风廊道建设可以改善夏季微气候舒适性。一方面要留出风口，避免实体建筑或构筑物的遮挡；另一方面通过植物、水体来调节局部温湿条件，利用环境温差促进空气的微循环。

3.2 土地利用

3.2.1 城市建设

成都是拥有 2300 多年悠久历史的古城，也是中国著名的十大古都之一。秦灭巴蜀后，秦蜀守张若便着手成都城市建设，兴筑大城营造少城（图 3.3）。其后，李冰继张若太守之位，致力于成都地区水利建设，兴修了以都江堰为中心的成都地区水利系统。得益于都江堰水利工程的灌溉和水洪调节，成都逐渐成为全国重要的粮食产地，后有《华阳国志·蜀志》记曰："水旱从人，不知饥馑，时无荒年，天下谓之天府也。"故成都也有"天府之都"的美称。

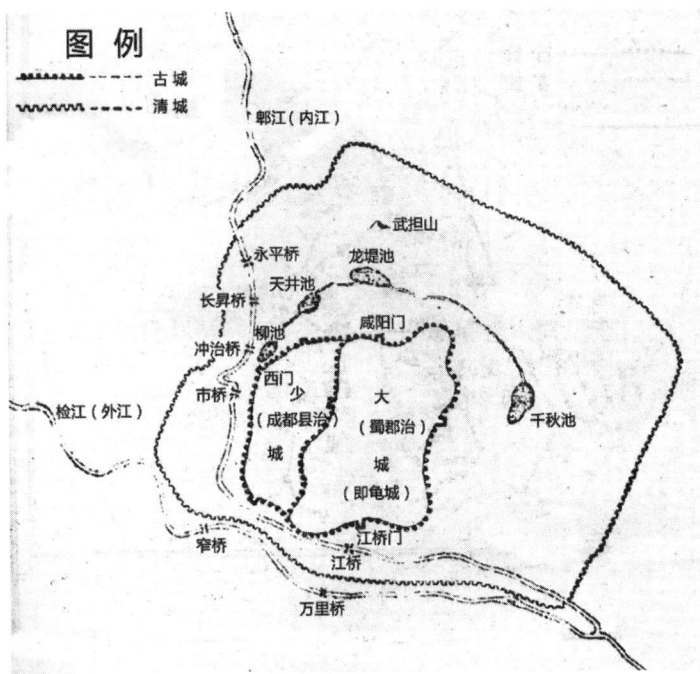

图 3.3 秦代创筑大少城图

资料来源：《成都城市史》。

新中国成立前，成都的城市发展相对缓慢，城市形态与古城接近。新中国成立后，成都城市呈现出"圈层式"发展脉络。从 1984 年、1994 年、2004 年、2014 年 30 年间成都的城市发展情况可以看出：1984 年时成都仅有"一环"内的城市建设相对集中；1994 年"二环"周边的城市建设已有一定规模；2004 年成都城市规模进一步扩大，城市建设面积达 311.45 平方公里，各卫星城也有较大发展；2014 年成都市主城区与各卫星城之间已形成"连片发展"的形态，但仍然以"古城"为中心呈同心圆向外发展。

通过对成都市城市建设相关统计数据分析发现（表 3 – 11），从 2012 年至 2016 年的 5 年时间内，成都市的城市建设用地面积增长了 52.2%，同一时期，成都市区人口增长了 39.6%，而市区暂住人口增长近 131.2%。可见，5 年时间内，成都市吸引了大量的外来人口，一方面体现出成都市作为四川省省会城市强劲的发展活力，另一方面也显示出成都城市面临的巨大人口压力。仅计算市区人口，成都市人均城市建设用地从 2012 年的 91.3 m²/人增长到 2016 年的 99.6 m²/人，增幅为 9%。若计算时加入市区暂住人口，2016 年的人均城市建设用地仅为 82.0 m²/人，相较于 2012 年的增幅仅为 1.3%。因此，若考虑到城市暂住人口的影响，成都市人均城市建设用地属于 Ⅱ 类（75.1—90 m²）。人均建设用地面积不足更容易导致城市拥挤、绿色空间被侵占等问题的发生。

表 3 – 11　成都市人均城市建设用地面积（2012—2016 年）

时间	2012 年	2013 年	2014 年	2015 年	2016 年
城市建设用地面积（km²）	506.49	519.19	550.38	604.07	770.78
城区总人口（万人）	626.35	609.06	667.66	703.02	940.54
市区人口（万人）	554.18	564.94	579.91	594.24	773.66
市区暂住人口（万人）	72.17	44.12	87.75	108.78	166.88
人均建设用地面积（m²/人）	91.4	91.9	94.9	101.7	99.6
人均建设用地面积（暂住人口计算在内）（m²/人）	80.9	85.2	82.4	85.9	82.0

3.2.2　用地多样性

城市建设用地可分为 8 大类（全国信息与文献标准化技术委员会，2011）：居住用地（R）、公共管理与公共服务用地（A）、商业服务业设施用地（B）、工业用地（M）、物流仓储用地（W）、道路与交通设施用地（S）、公用设施用地（U）、绿地与广场用地（G）。2016 年成都市城市建设用地总面积为

770. 78 km²。各类用地面积见表 3 – 12。

表 3 – 12 成都市城市建设用地面积（2016 年）

城市建设用地类型	面积 km²
居住用地	257. 34
公共管理与公共服务用地	83. 36
商业服务业设施用地	72. 44
工业用地	114. 7
物流仓储用地	17. 81
道路交通设施用地	127. 28
公用设施用地	16. 57
绿地与广场用地	81. 28
合计	770. 78

本书采用用地多样性指数（H）表示城市建设用地多样性。

用地多样性指数（H）的计算公式如下：

$$H = - \sum_{i=1}^{m} (P_i) Ln(P_i) \tag{7}$$

式中，P_i 是第 i 种类型的用地面积占总面积的比例，m 是用地类型的种类。

计算结果显示，成都市 2016 年城市建设用地多样性指数为 2.62。同理计算得到 2015 年多样性指数为 2.53。数据说明：相较于 2015 年，2016 年成都市的城市功能愈加完善。

3. 2. 3 可获得性

3. 2. 3. 1 研究对象与方法

户外空间环境中的"可获得性"由"公共服务设施可获得性"和"绿地空间可获得性"两个指标构成。"公共服务设施可获得性"涉及多个方面的内容，本书以距离调查对象 1 km 范围内公共厕所、农贸市场、医疗设施的数量作为主要评价内容。"绿地空间可获得性"是以步行 500 m 范围内绿地空间数量为评价标准。

本书选取了双楠路 241 号、蓝色空间和联合小区 3 个小区作为研究对象（表 3 – 13）。

表 3 – 13 被调研城市既有社区基本情况

区名	小区名称	修建年代	楼层数	所属社区	所属街道办
武侯区	双楠路 241 号	1998 年	7 层	广福桥社区	双楠街道办
金牛区	蓝色空间	1998 年	7 层	长庆路社区	营门口街道办
成华区	联合小区	1996 年	7 层	长天路社区	万年场街道办

影响"可获得性"的三个重要因素为"用地规划""步行可达性"和"设施可用性"。"用地规划"可用过百度地图兴趣点（POI）获取基础数据，明确各类设施的位置和数量；"步行可达性"可通过路网轴线整合度反映，通常利用空间句法原理进行分析，常用软件为 DepthMap；"设施可用性"主要通过现场调研获取空间和设施的可用情况。

具体方法：首先，以 3 个小区为中心，1 km 半径为扩展缓冲区，获取研究范围内的道路、公共服务设施（公共厕所、农贸市场、医疗设施）、绿地的基础数据，并绘制场地 CAD 图纸。其次，利用 DepthMap 进行路网轴线整合度分析，了解研究范围内的可达性情况，路网颜色越偏向暖色其整合度和可达性越高，相反，越偏向冷色则整合度和可达性越低。整合度高低反映了一个空间吸引到达交通的潜力。最后，结合路网轴线整合度、公共服务设施点位、绿地点位以及现场调研情况，分析城市既有社区户外空间环境的"可获得性"。

3.2.3.2 调查结果

（1）城市既有社区整合度分析

双楠路 241 号研究范围内的空间整合度分析见图 3.4 所示。通过整合度分析可以发现，研究范围内的二环路总体整合度为 2.126 92，整合度最高的是广福桥北街（2.570 89）、其次为置信路和少陵路（2.519 47）。广福桥北街是双向 4 车道的城市干道，道路周边有成都市人民检察院、双楠社区卫生服务中心、中国建设银行等公共服务设施。置信路和少陵路则集中了农贸市场、实验小学、幼稚园、商业广场等生活服务设施。二环路总体整合度低于广福桥北街和少陵路，可能是因为位于研究范围内的二环路段处于拐弯位置，再加上二环路与周边城市道路的连接点间距较大，影响了其总体整合度。

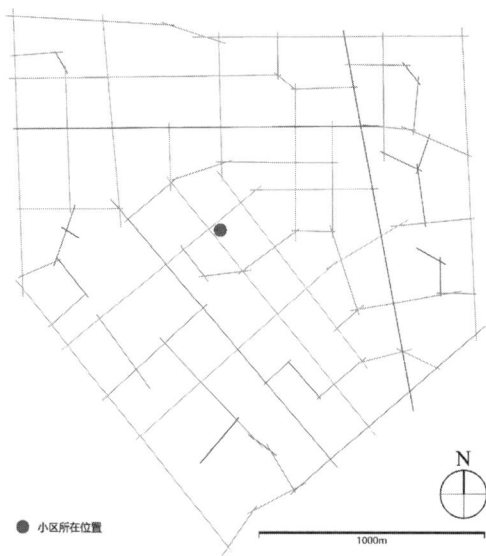

图 3.4　双楠路 241 号路网轴线整合度分析

联合小区研究范围内的空间整合度分析见图 3.5 所示。分析结果表明整合度最高的是双庆路（1.609 82）、其次为双成二路（1.590 99）。连接联合小区的长天路总体整合度为 1.237 225。双庆路是成都中心城区连接城市东部区域的重要道路之一，为双向 6 车道与成都市二环路相连。双庆路与二环路交叉口建设有万象城城市综合体，双庆路临沙河桥处为沙河公园客家广场。双成二路为双向 4 车道，主要连接了蜀都大道双桂路和双庆路，并与双福二路十字交叉。双成二路周边除万象城外，还有面积约为 17 500 m^2 的城市广场。长天路整合度不高的原因在于与城市主干道的连接较弱，基本上只服务于道路两侧的居民区。长天路周边形成了较成熟的配套设施，包括长天路社区居委会、万年场派出所、双庆小学、双庆中学、社区日间照料中心、中国邮政、成华区竞成路菜市场等公共服务设施。相较于城市中的繁华生活景象，这里的居民更显怡然自得，充满了市井生活气息。

蓝色空间路网轴线空间整合度分析研究发现，整合度最高的是星辰路（2.305 5）、其次为交大路（2.239 63），见图 3.6。星辰路为双向 4 车道，交大路为双向 6 车道城市主干道。星辰路整合度略高于交大路，原因可能是星辰路连接着众多的居住区和城市次干道，并分布着凯德广场、人人乐等大型商业设施。通过实际调研结果，星辰路的人群活跃度要高于交大路，与分析结果相符合。

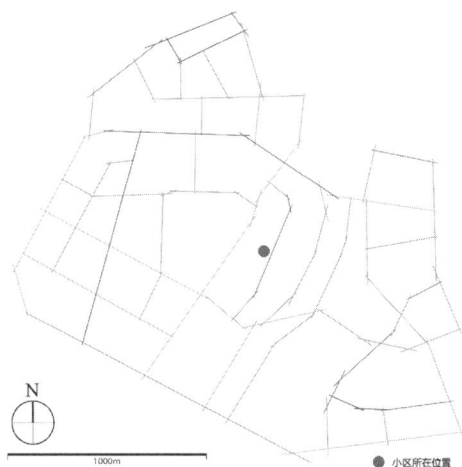

图 3.5　联合小区路网轴线整合度分析

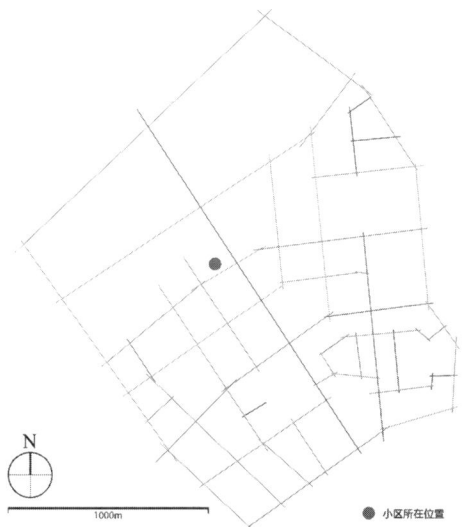

图 3.6　蓝色空间路网轴线整合度分析

　　通过对比 3 个城市既有社区整合度平均值及路网轴线（表 3 – 14）可见，双楠路 241 号的平均值最高，为 1. 607 53，其次为蓝色空间（1. 497 68），联合小区的整合度平均值最低，为 1. 071 26。说明双楠路 241 号所处研究范围的整合度最高，其路网轴线密度高于其余二者，且呈网格状，路网轴线更加简洁明晰，空间可达性更高。联合小区整合度最低，主要原因可能是城市河道将研究范围划分为东西两个部分，且仅有 3 条道路连接，路网轴线呈"近同心圆"结构，道路分割的空间尺度较大，空间可达性较低。

表3－14　3个城市既有社区整合度对比

小区名称	平均值	最小值	最大值	标准差	数量
双楠路241号	1.607 53	0.919 516	2.570 89	0.353 607	70
联合小区	1.071 26	0.715 946	1.609 82	0.199 834	74
蓝色空间	1.497 68	0.955 938	2.305 5	0.346 743	50

（2）城市既有社区可理解度分析

可理解度用于衡量人们对空间的辨识能力，高可理解度意味着可以通过局部空间推测整体空间结构。通常情况下，可理解度越高，交通便捷程度也越高，即可达性越高。而可理解度低的空间结构难以从局部了解整体情况，更容易导致迷失方向。将可理解度等于0.5视为一个分界线。可理解度＞0.5，意味空间总体整合度与各轴线的关联性较强，反之则关联系较弱。3个城市既有社区的可理解度见表3－15。

表3－15　3个城市既有社区可理解度对比

小区名称	可理解度	可理解度方程
双楠路241号	0.774 36	$y = 4.777 09 x - 3.650 75$
联合小区	0.334 818	$y = 3.758 05 x - 0.890 72$
蓝色空间	0.646 466	$y = 4.220 99 x - 2.401 69$

3个城市既有社区的可理解度计算结果发现，仅联合小区的低于0.5，双楠路241号和蓝色空间均高于0.5，双楠路241号的最高，为0.774 36。由此可见，双楠路241号整体与局部空间关联性较高，各空间之间的组织结构明晰，人们可以较准确地确定其方位，并明确活动目的地。而联合小区片区与城市中其他空间联系并不紧密，形成了一个相对独立的生活空间，类似于"城中村"的情况。居民之间因较封闭的空间和日常的生活、社会接触而形成良好的社会关系，市井生活氛围更加浓厚。

（3）城市既有社区可获得性分析

利用路网轴线和可理解度对3个城市既有社区进行了初步分析，研究发现，双楠路241号在整合度（可达性）和可理解度方面均位列第一，其次是蓝色空间，而联合小区整合度和可理解度都较差。为了进一步了解3个城市既有社区户外空间环境的可获得性，将从百度地图获取的兴趣点（POI）和绿地空间数据与已有的路网轴线叠加，得到更加准确的空间环境信息（图3.7），以此确定可获得性。

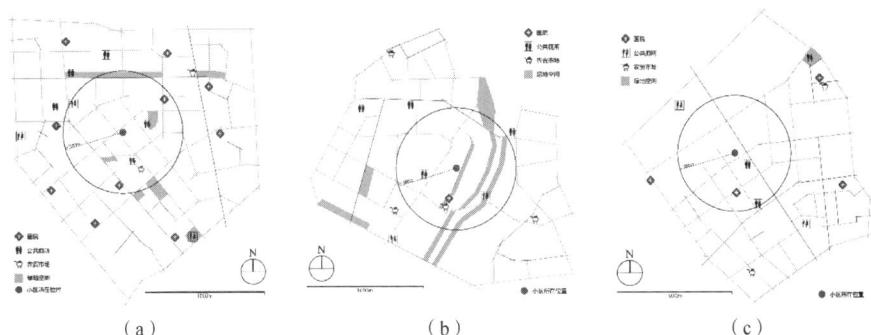

图 3.7　3 个城市既有社区可获得性分析
（a）双楠路 241 号；（b）联合小区；（c）蓝色空间

公共服务设施。1 km 扩展缓冲区范围内，双楠路 241 号拥有的公共服务设施数量最多，其次是联合小区，最次是蓝色空间。蓝色空间尽管在整合度和可理解度方面均优于联合小区，但在公共服务设施配置方面明显不足，最为缺乏的是"农贸市场"。联合小区虽然对"公共厕所""农贸市场""医院"等公共服务设施均有所配置，但从图 3.7（b）可以看出，该区域配置的"公共厕所"虽然离住区的直线距离较近，但实际的步行距离远大于直线距离，即绕行距离较大，导致居民在户外空间中对"公共厕所"的可获得性较低。

绿地空间。3 个城市既有社区 500 m 半径范围内绿地空间数量和面积都比较小。双楠路 241 号的绿地空间呈现小型"斑块状"，联合小区的绿地空间呈"带状"，而蓝色空间户外空间中无公共绿地空间。双楠路 241 号的绿地空间是多数是开放式的，周边居民可以任意进入活动；而联合小区的街旁绿地被栅栏围合，不能随意进入，滨河景观是开放式的。

综合以上公共服务设施指标和绿地空间的可获得性分析结果，可得出三点初步结论：（1）高密度且较规则的路网结构，其总体整合度、可达性、可理解度均较高；（2）可达性与可获得性并非正向相关关系，还与空间和设施的配置情况相关；（3）成都城市既有社区户外空间环境的可获得性差异较大。

3.3　交通环境

3.3.1　慢行交通

3.3.1.1　步行道

基于对步行环境重要性的认识，笔者对成都城市既有社区步行环境进行了细致调查，总结出目前步行环境存在的主要问题。

其一，步行环境安全性存在很大隐患。步行道不平整、铺装破损残缺、路面高差、路面积水湿滑等。造成步行道不平整的原因有多种，包括路基夯实不合格，自然沉降导致步行道路面下凹；行道树（特别是根系发达的黄葛树）对路面的破坏。机动车的碾压，超出步行道铺装的受压能力导致的破损。另外还有，因为施工质量不合格，部分铺装与路面脱落导致的残缺。步行道的细微高差就可能致使行人跌倒受伤，而且步行道上的高差通常不易察觉，更少有安全提示标志。路面积水湿滑通常是因为路面破损残缺再经降雨引起的，破损残缺的路面不易快速排走降水，积水进一步导致铺装下的路基松动，加剧铺装破损（图3.8）。

图 3.8　步行道安全问题

其二，步行道有效通行能力较差。步行道能否满足有效的通行能力需要考核有效净宽度和有无障碍物至少两个方面的特征。所谓有效净宽度是指，单人通行宽度为 60 cm，满足一人通行一人侧身避让的最小宽度为 90 cm，供轮椅通行的宽度为 1.5 m。

笔者在实际调研中发现，现有步行道有效通行能力并不理想。原因主要有以下几点：一是建设空间有限，不足以满足基本规范；二是市政设施对步行道的占用；三是人为占用步行道，包括机动车、非机动车（含自行车）对步行道的占用，以及沿街商铺对步行道的侵占（图 3.9）。

图 3.9　步行道有效通行能力

其三，无障碍步行环境建设不足。目前无障碍步行环境建设的重点是盲道和坡道。大多数步行道都规划有盲道，但盲道的设置规范程度还不够，且占用盲道的情况普遍，盲道损毁情况也较普遍。因此，现阶段的盲道建设尽管数量上基本满足要求，但质量上与使用匹配程度还差距甚远。在街上几乎没有盲人会使用盲道，因为他们认为这样的盲道不安全。坡道建设对于轮椅使用者和行动不便者至关重要，有高差的公共服务设施（如银行、政府单位、公共厕所等）大多按照要求设置了坡道。经调查发现，沿街商业因建筑防水考虑多高出步行道 1—2 个台阶，但很少有设置坡道的情况，这导致轮椅使用者难以外出购物（图 3.10）。

图 3.10　无障碍设施

其四，步行环境舒适性。步行环境舒适性主要包括两个方面的内容：一是有无林荫道，二是有无休憩设施。对步行道的调查发现，多数步行道都栽植有行道树，但栽植有 2 排行道树的情况较少。步行道上的公共座椅极其稀少，仅有的公共座椅还有被私人占用的情况。行走疲惫的市民或坐在路边台阶上，抑或坐在路边花台边。值得称赞的是，沿街药店常会为过往行人提供休闲座椅。青阳北路将公共座椅与沿街景观一体化设计，是较好的案例。笔者对成都市一环路两侧空间进行了细致调查，发现一环路沿线步行道上几乎无公共座椅，部分市民会在路边花台坐憩休息（图 3.11）。

其五，步行道景观环境有待进一步优化。步行道景观环境由步行道两侧景观和沿街立面景观构成。调研发现，由于城市既有社区步行道空间有限，能用于景观的空间更弥足珍贵。多数步行道栽植行道树后已无空间进行景观营造，但仍有部分步行道空间足够宽敞，进行了一定程度的景观化处理，包括设置文

图 3.11　步行环境舒适性

化展示空间和活动空间（图 3.12）。目前的步行道景观仍然存在问题，如植物景观维护不佳，特别是地被生长不好导致地表裸露；景观参与性低；植物浆果污染路面；植物落叶导致环卫工人工作量大增等（图 3.13）。沿街立面景观包括建筑立面、住区围墙等。建筑立面风格较统一，住区围墙有实体、半通透、通透之分（图 3.14）。

图 3.12　较好的步行道景观环境

图 3.13　存在问题的步行道景观环境

图 3.14　步行道沿街立面景观

3.3.1.2　自行车道

本书所指自行车道包括自行车专用路和与非机动混合使用的道路。笔者对研究范围内的城市既有社区自行车道进行了抽样调查，结果发现：研究范围内规划有自行车道的街道数量约为 12.5%；绝大多数自行车道没有专用标志；城市主干道常设有自行车道，而城市中大量的次干道与支路并未建设自行车道。城市主干道与自行车道的隔离方式通常为"物理隔离"，即采用行道树、种植池、护栏等将二者隔离；次干道常采用的隔离方式为"划线隔离"，即通过"实线"或"虚线"将机动车道与自行车道"意向性"隔离开。未建设自行车道的次干道和支路的主要原因是道路空间不足，再加上路边停车挤占了大量道路空间，有能力规划自行车道的街道屈指可数（图 3.15）。就目前状况而言，成都市应加强对自行车道的"赋权"，使绿色出行更加安全便利，构建自行车道网络，完善"最后1公里"的便捷出行系统的建设。

图 3.15　城市既有社区自行车道建设

2016年11月共享单车正式进驻成都。截至2017年11月，成都互联网共享单车总数约130万辆，共享单车在方便市民出行方面贡献巨大。据摩拜单车（2017）《2017年共享单车与城市发展白皮书》指出，共享单车投放后，市民以小汽车出行次数减少55%，一定程度上改善了城市空气污染状况。但大量共享单车进入城市也暴露出诸多问题，如行停秩序不规范、人为破坏单车、公车私用等现象。特别是共享单车停车不规范导致步行道（包括盲道）被大量占用，造成步行道严重拥堵。在鼓励共享单车发展的同时，成都市政府也在不断加强该领域的监管。成都市出台了《成都市关于鼓励共享单车发展的试行意见》，明确指出"市公安机关交通管理部门负责共享单车的通行管理和停车点位的规划设置"。并于2017年底开始试运行共享单车"电子围栏"。共享单车正沿着健康有序的方向发展。

3.3.1.3　绿道

绿道是城市慢行系统建设的重要一环。成都市健康绿道建设于2010年正式启动，温江绿道是成都市最早的健康绿道之一。2010年，成都市城乡建设委员会和成都市规划管理局联合发布《成都市健康绿道规划建设导则》，指出：绿道是一种线性的绿色开放空间，具备生态保护、健康休闲、资源利用、慢行交通、经济发展等功能。2017年《成都市天府绿道规划建设方案》出炉，天府绿道覆盖成都市全域，规划总长 1.69 万公里，分为区域级、城区级、社区级三级绿道体系，最终形成"一轴两山三环七道"的总体结构。

位于本书研究范围内的天府绿道主要有熊猫绿道（沿三环路）、锦城绿道（沿第一绕城高速）、锦江绿道以及与城区级绿道相衔接，串联社区内幼儿园、卫生服务中心、文化活动中心、健身场馆、社区养老等设施的社区级绿道。目前，成都市主要着手于熊猫绿道和锦城绿道建设，社区级绿道因涉及广大市民的根本利益、牵涉范围广、建设难度相对较大而需审慎规划建设，避免出现绿道"空心化"现象（即城市中心区绿道较少，都集中在城市外围的现象）。

3.3.2 机动交通

3.3.2.1 街道设计

（1）街道密度

据 2016 年全国城市建设统计年鉴显示，全国城市建成区路网密度平均值为 7.04 km/km^2，西部地区总体路网密度要低于东部和中部地区。四川省作为西部重要省份，其城市建成区路网密度为 5.67 km/km^2。而成都市建成区路网密度仅为 4.42 km/km^2。从数据来看，成都市路网密度远低于全国平均水平，同时也低于四川省整体水平。

针对成都市一环路、二环路、三环路内的用地斑块面积的抽样调查显示，一环路以内的用地斑块面积平均值为 35 091 m^2；一环路与二环路之间的用地斑块面积平均值为 47 785 m^2；二环路与三环路之间的用地斑块面积平均值为 90 201 m^2。由此可见，成都市二环路以内区域的用地斑块以小尺度为主，形成了较密集的路网结构。离城市中心越远，街区尺度越大。三环路与四环路之间是成都市重要的环城生态屏障，用地多为绿地和水系，因此路网密度较低，从而影响了成都市建成区路网平均密度。

（2）街道交叉口密度

街道交叉口密度反映了一个区域的街道连通性，交叉口密度越高，人们的路径选择能力越强。街道交叉口密度与单位面积内的各用地大小有关。单个用地斑块面积越大，表明街道尺度越大，则相应的街道交叉口数量减少。

笔者对成都城市既有社区的街道交叉口进行随机抽样调查，调查结果显示，街道交叉口密度最高可达 40 个/km^2，最低仅为 8 个/km^2，平均街道交叉口密度为 19 个/km^2，说明成都市不同区域的街道交叉口密度相差较大（图 3.16）。

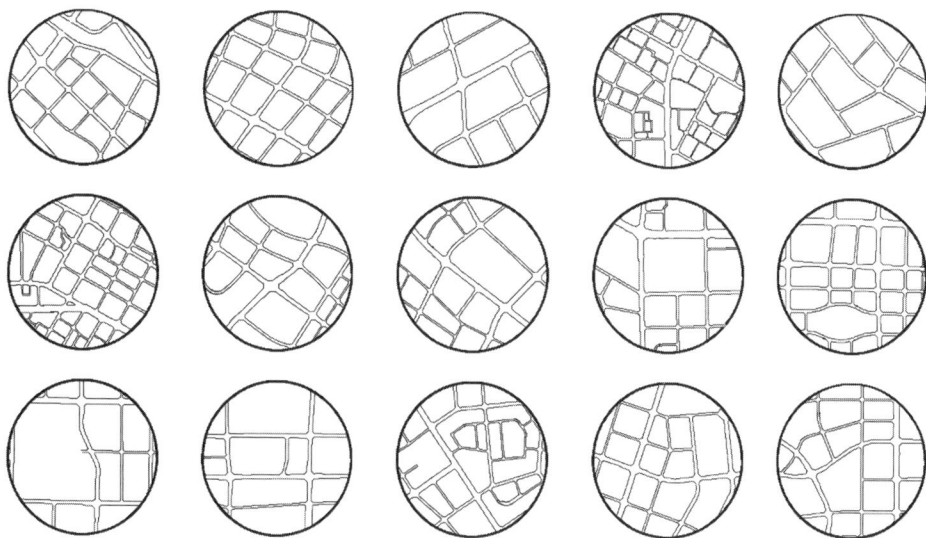

图 3.16　单位面积（1 km²）内街道交叉口情况

（3）交通信号灯密度

调查显示，成都城市既有社区交通信号灯密度约为单位面积内街道交叉口数量的 30.5%，故交通信号灯密度约为 6 个/km²。斑马线也是重要的过街安全设施，通常情况下与交通信号灯配合使用，但单独使用的情况也较常见。调查发现，成都市街道交叉口设置有斑马线的比例约为 69.2%，部分斑马线由于维护不够已无法辨识。

（4）街道宽度与周边建筑高度比

本书对 20 个城市既有社区街道空间形态进行了调研分析，调研过程中均以住区主入口的街道与建筑为研究对象。通过表 3 – 16 可知，被调查的 20 条街道 D/H 多数分布在 1—2 之间。联合小区的 D/H 值最大（2.1），联合小区的街道宽约 40 m，除去中央机动车道以外，两侧均设置有步行道和绿地，整体户外空间环境质量较高。

表 3 – 16　被调研城市既有社区街道空间 D/H

区名	小区名称	街道宽度 D（m）	建筑高度 H（m）	D/H	空间感受
	洗面桥街小区	23	21	1.1	适中
武侯区	双楠路 241 号	25	21	1.2	适中
	长城社区	20	21	1.0	适中

续表

区名	小区名称	街道宽度 D（m）	建筑高度 H（m）	D/H	空间感受
锦江区	市政设施处职工住宅	25	18	1.4	适中
	江东民居	37	21	1.8	适中
	新莲新苑	20	21	1.0	适中
青羊区	王家塘 9 号院	25	18	1.4	适中
	草堂北路 19 号小区	26	21	1.2	适中
	锦秀民居	24	21	1.1	适中
金牛区	万福苑	20	21	1.0	适中
	肖家村四巷 8 号院	35	18	1.9	适中
	青羊北路小区	30	21	1.4	适中
	蓝色空间	20	21	1.0	适中
	惠民苑	40	21	1.9	适中
成华区	东沙路 50 号小区	30	18	1.7	适中
	福顺苑	20	21	1.0	适中
	站东一组小区	20	18	1.1	适中
	五冶宿舍	18	18	1.0	适中
	双桥南路二街	20	18	1.1	适中
	联合小区	45	21	2.1	适中

3.3.2.2 公共交通和停车策略

（1）地铁

截至 2018 年 5 月 2 日，成都市已开通 6 条地铁线路，线路总长 196.477 km，共计 136 座车站投入运营（换乘站不重复计算），10 座换乘站（百度百科，2018a）。成都地铁日最高客运量达 389.41 万人，地铁已成为成都市民出行必不可少的公共交通工具。"地铁——公交——共享单车"已经重构了成都市民的出行模式，成都"慢生活"与现代生活进一步交融，成都地铁也成为展示成都文化的重要窗口（图 3.17）。

图 3.17　金沙博物馆地铁口的共享单车

按照远期规划，成都市四环路以内将建成 192 座地铁车站，以地铁站为圆心 1 km 半径为扩展缓冲区，最直接受益于地铁出行的城区面积达 602.88 km²（含重叠的扩展缓冲区）。成都市四环内中心城区面积 598 km²，可见成都地铁配置程度较高。但也需认识到，成都地铁主要的车站均分布在 7 号线（2.5 环路）以内，三环与四环路之间的地铁站配置并不高，直接导致生活在该区域的市民出行时间和出行成本的增加。

2017 年《成都市城市轨道交通管理条例》发布，强调"城市轨道交通车站通行设施的设计与建设应当满足老年人、残疾人通行的需要"。以城市轨道交通为代表的城市公共交通无障碍化是"人性化"城市的内在要求，也是成都市和谐包容的重要体现。

（2）公交

截至 2017 年 9 月，成都已运营 610 条公交线路，拥有 10 357 辆公交车（百度百科，2018b）。成都公交分为 3 种类型：常规公共汽车、快速公交系统、出租车。

公共汽车是城市居民日常出行最常见的公共交通工具，特别是针对 60 岁及以上老年人的优惠政策，使得老年人出行对公共汽车的依赖程度很高。笔者对 20 个成都城市既有社区周边的公交站点进行了统计分析（表 3 – 17），居民住区离最近公交站点的步行平均距离约为 126 m，以住区为中心半径 500 m 范围内的公交站点数平均为 8.5 个。其中，万福苑的最近公交站距离约为 270 m，是 20 个住区中距离最远的；最近的是惠民苑和东沙路 50 号小区，约为 10 m。500 m 范围内公交站点数最多的是草堂北路 19 号小区，有 12 个站点；最少的仅有4个，分别是东沙路50号小区和站东一组小区。从统计数据可知，成都市城市公交建设情况较好，公交站点对调查的小区均有覆盖，且多数分布在老年人步行疲劳距离范围内。

表 3 - 17　公交站点情况

所属区	小区名称	最近公交站距离（m）	500 m 范围内公交站点数（个）
武侯区	洗面桥街小区	250	9
	双楠路 241 号	85	11
	长城社区	125	9
锦江区	市政设施处职工住宅	180	5
	江东民居	50	8
	新莲新苑	80	9
青羊区	王家塘 9 号院	300	6
	草堂北路 19 号小区	50	12
	锦秀民居	250	10
金牛区	万福苑	270	8
	肖家村四巷 8 号院	60	18
	青羊北路小区	50	7
	蓝色空间	160	10
	惠民苑	10	9
成华区	东沙路 50 号小区	10	4
	福顺苑	190	7
	站东一组小区	150	4
	五冶宿舍	110	11
	双桥南路二街	50	6
	联合小区	100	7

调研过程中，笔者发现成都公交建设仍然存在问题。首要问题便是无障碍化程度低。即使具备无障碍设施但实际中并未使用，原因是成都公共汽车通常只配备一名乘务员（一般是司机），其工作精力有限，无法进行全方位服务。

目前公共汽车的主要无障碍设施为汽车车身中部出口设置的斜坡挡板，但由于坡度过陡，轮椅使用者需在他人帮扶下才能上下车。值得称赞的是，成都二环快速公交（BRT）月台设计与公共汽车内部空间同高，基本实现无障碍对接。

（3）停车策略

"停车难"已成为中国各级城市面临的共同问题，在城市中心区和既有社区中更为突出（图3.18）。据相关资料显示，成都市中心城区现有停车泊位约134.5万个。目前，成都市采用的停车形式主要有以下几种：路内停车、路边停车、地面停车场、地下停车场（库），另有少部分立体停车楼（库）已投入使用。

图3.18 停车难与乱停车

由于城市建设早期对机动车需求增速预期不足，导致多数老旧商业办公建筑及居民住宅并未配建停车设施。城市规划过程中对公共停车设施的规划也明显不足。再加上，城市主要功能向中心城区集中的特点，每天有大量车辆从城市外围涌入中心城区，加重了中心城区的停车压力和交通负担。随着城市机动车保有量的持续增长，未来城市中心区面临的停车压力将进一步增大。"停车难"导致违章停车频发，特别是占用步行道和消防通道现象严重，不仅增加了居民出行难度，同时也隐藏着巨大的安全隐患。"停车难"还直接导致小汽车对公共活动空间的"挤压"，使得原本就非常有限的户外活动空间更为紧缺，是私人利益对公共利益的侵蚀。笔者认为，城市既有社区建立健康促进型户外空间的前提之一就是妥善处理"停车难"问题。

机动车增长速度远大于停车场建设速度，因此要采取科学的停车措施，在满足基本停车需求的情况下，应严格控制机动车出行，引导市民使用公共交通或绿色出行，而非盲目追求停车位数量的增加。例如成都市推行的"P+R"换乘停车设施就是致力于将进入中心城区的机动车流量转换为以地铁或其他公共交通出行的措施。国外对停车问题的解决办法有值得借鉴之处，如建立电子停车引导系统、大力发展互联网＋停车；根据道路流量科学规划停车带；公私共营停车设施；共享车位；竭力发展立体停车设施；错时利用路内停车设施等。

3.4 绿地环境

3.4.1 公园绿地

据统计数据显示，2016 年成都市人均公园绿地面积为 14.23 m²/人，已经满足《中国人居环境奖评价指标体系》划定的人均公园绿地面积≥12 m²/人标准。从成都市绿地系统规划可以发现，成都市主要的公园绿地均集中在四环路和三环路之间，并以"契形"结构嵌入中心区。四环路两侧各 500 m 范围的绿地空间是成都市重要的生态屏障和生态廊道，也是改善成都市中心城区人居环境的重要绿色基础设施。

三环内的公园绿地（本书涉及的公园绿地均为开放式，不收取门票）主要有城中的人民公园，城西的文化公园、百花潭公园、浣花溪公园、清水河公园，城南的望江楼公园、东湖公园，城东的新华公园、塔子山公园、活水公园，城北沙河公园及沙河沿岸滨水绿地等。沙河滨水绿地是穿越成都城市中心区的重要生态廊道，连接着城南和城北的绿地斑块。

根据笔者统计的成都市三环以内面积较大的公园情况可知（表 3-18），成都市面积较大的公园多为综合公园，其中最大的是沙河公园。沙河全长22.22 km，沙河公园是由沿沙河两侧建设的 8 个子公园构成的公园系统，又称"沙河八景"。除沙河公园以外，其余公园平均面积约为 171 555 m²。其中最小的是活水公园，面积仅 24 000 m²。活水公园位于府河旁，是世界上第一座城市的综合性环境教育公园。

表 3-18 成都市公园基本情况

名称	公园类别	面积（m²）
人民公园	综合公园	112 639
文化公园	综合公园	100 050
百花潭公园	综合公园	90 045
浣花溪公园	森林公园	323 200
清水河公园	专类公园	333 300
望江楼公园	专类公园	78 706
东湖公园	湿地公园	280 140
新华公园	综合公园	100 000

续表

名称	公园类别	面积（m²）
塔子山公园	森林公园	273 470
活水公园	专类公园	24 000
沙河公园	综合公园	3 700 000

成都市三环路以内大型公园绿地数量较少，更多是以街旁绿地、小游园和微绿地形式存在（图3.19）。小游园、微绿地是指充分利用社区、单位的零星地块和闲置土地建设，地块面积≤5 000 m²的小型绿地游园。成都市在新一轮城市规划中，制定了"300 m见绿，500 m见园"的绿地建设目标，以期最大限度地满足城市居民的各类户外活动需求。

图3.19 成都市微绿地

3.4.2 广场用地

成都市的广场分为以下几类：城市广场（如天府广场）、市政广场（如各政府办公楼前广场）、商业广场（如万达广场、莱福士广场等）、社区广场（如各居住区设置的小型活动广场）。其中，社区广场是居民日常使用最为频繁的广场类型。除了下雨天，几乎每天都有居民会使用社区广场，使用时间多集中在傍晚和晚上（图3.20，图3.21）。

图3.20 社区广场在夏季的使用情况

图 3.21　社区广场在冬季的使用情况

目前，广场使用中存在的问题主要有：噪音扰民、用地矛盾、缺少休憩设施（图 3.22）。

图 3.22　缺少休憩设施的广场

噪声扰民问题是反映最多的现象。噪音主要是由广场舞扩音器带来的，其他噪音源还有陀螺声和空竹声。针对该现象，各地方主管部门颁布了与广场舞相关的管理文件，明确了广场舞具体活动时间和声音分贝标准。用地矛盾是指广场中各类活动人群之间产生的活动空间矛盾，造成用地矛盾的主要原因是广场用地功能不完善以及功能区划分不明确。例如，某广场夜间活动包括儿童骑行活动、广场舞、玩陀螺等，儿童骑行活动常与广场舞人群发生冲突，而挥舞陀螺的鞭子容易给儿童和其他人群带来伤害。

3.4.3　附属绿地

3.4.3.1　空间绿量指数

"空间绿量指数"是衡量城市空间绿量水平的指标（李敏，2018），是对城市空间绿化水平在三维空间中的定量评价，弥补了"绿地率""绿化覆盖率"在绿化水平维度上考虑的不足。空间绿量指数＝城市绿地率＋街景绿视率。

2016 年，全国城市建成区绿地率为 36.43%，绿化覆盖率为 40.30%。2017 年，成都市建成区绿地率为 37.36%，绿化覆盖率为 42.30%。城市中心区的绿地率水平通常低于城市平均水平，主要是城市中心区建筑较密集，绿地空间有限。据研究，绿视率小于 5% 时人们对绿量的感知差；5%—15% 时的绿量感知较差；15%—25% 时的绿量感知一般，25%—35% 时的绿量感知较好；大于 35% 时的绿量感知很好（肖希等，2018）。研究发现，当绿视率达到 25% 时，人的精神状态较为舒适，同时心理活动也处于最佳状态（李志强，2006）。为了解成都城市既有社区户外空间中的"空间绿量指数"真实水平，笔者以双楠路 241 号为中心 1 km 范围内的城市建设用地为研究对象，进行了实地"空间绿量"调查。

（1）研究对象与方法

本书选取了双楠路 241 号的户外空间中的 30 个绿视率样点作为研究对象，样点均分布在社区居民日常出行的主要路径上，并以街道交叉点作为样点位置（图 3.23）。主要街道编号如下：编号 1（武侯大道双楠段——双楠路）、编号

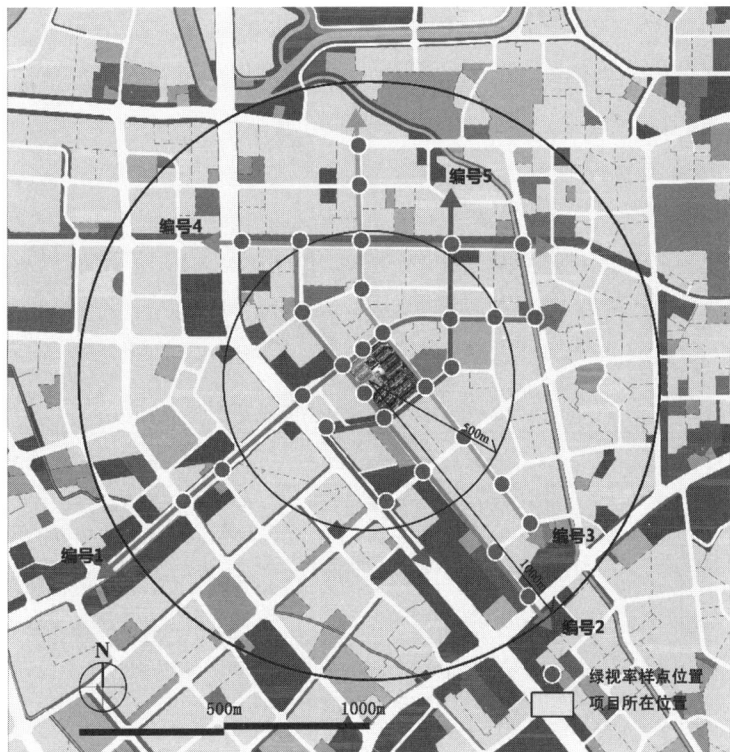

图 3.23　绿视率样点位置图

2（置信北街——置信南街——碧云路）、编号3（紫藤路——双楠街——广福桥西街）、编号4（少陵路）、编号5（少陵东街——安居街——惠民街——龙门巷——二环路）。如果样点位于编号街道交叉处，则其同属于两个编号街道。

通过佳能760D采集样点空间绿视率数据。数据采集原则：镜头焦距采用24 mm；十字型路口采取转折处沿道路交叉中心点方向拍摄；T字形路口采取交叉点沿道路方向拍摄；所有照片拍摄视点高度与调查者视线高度相同；数据采集应同时记录照片编号、位置和方向信息。

利用 Photoshop 软件对拍摄的照片进行绿视率分析。首先，将拍摄的样点照片导入 Photoshop 软件中，打开"直方图"，查看"源"为"整个图像"下的像素值，记为 X；其次，新建一个"图层"并激活，在该"图层"上用画笔工具将绿色植物部分上色，但需将植物主干和其他遮挡物排除在外，而水体可计算在内。完成上色工作后，打开"直方图"，查看"源"为"选中图层"下的像素值，记为 Y；最后，该照片的绿视率则等于 Y/X 的百分数。同理计算得出该样点所有照片的绿视率值，并取算术平均值，该值即为样点的绿视率。30个样点的绿视率算术平均值即为研究范围内的绿视率。

绿地率计算以双楠路241号为中心1 km范围内的城市各类绿地面积之和与总用地面积的比值为准。

（2）结果与分析

a. 空间绿量

绿视率：各样点的基础数据和绿视率均值见表3-19所示。计算得到30个样点的平均绿视率为30.5%。样点中最高绿视率为59.4%，最低绿视率为2.9%。约63.3%的样本绿视率分布在20.9%—40.1%之间。

表3-19 绿视率调查结果

样点序号	道路交叉口名称	绿视率%	所属街道编号
1	武侯大道双楠段，红牌楼路	4.5	1
2	武侯大道双楠段，永盛北街	17.4	1
3	二环路，双楠路	2.9	1
4	双楠路，置信南街	20.9	1，2
5	双楠路，双楠路241号入口（北）	42.5	1
6	双楠路，双楠街	31.8	1，3

样点序号	道路交叉口名称	绿视率%	所属街道编号
7	双楠路，安居街	16.1	1，5
8	双楠路，学苑巷	29.6	1
9	双楠路，双元街	32.0	1
10	少陵路，双元街	29.2	4
11	少陵路，安居街	30.1	4，5
12	少陵路，双楠街	21.2	4，3
13	少陵路，置信北街	37.1	4，2
14	少陵路，二环路	9.5	4
15	紫藤路，大石西路	27.9	3
16	紫藤路，少陵横街	13.6	3
17	双楠街，广厦街	35.8	3
18	双楠街，惠民街	35.0	3，5
19	双楠街，广福路	28.4	3
20	广福桥西街，广福桥正街	47.4	3
21	广福桥西街，广福桥横街	40.1	3
22	碧云路，高升桥路	25.5	2
23	碧云路，广福桥横街	35.7	2
24	碧云路，广福路	42.0	2
25	置信南街，龙门巷	40.0	2，5
26	置信南街，双楠路241号入口（西）	35.5	2
27	置信北街，广厦街	47.6	2
28	安居街，惠民街	38.8	5
29	二环路，龙门巷	59.4	5
30	二环路，广福路	37.6	5

绿地率：参与计算的绿地种类包括公园绿地、防护绿地、广场用地中的绿地、附属绿地。研究区域内绿地总面积为 738 274 m²，总用地面积为 3 141 593 m²，

计算结果绿地率为 23.5%。

空间绿量：用地范围内空间绿量为 30 个样点绿视率均值与绿地率之和。经计算，双楠路 241 号的户外空间绿量为 54.0%。按照第二章关于空间绿量的评价标准，双楠路 241 号的户外空间绿量为"良"。

b. 绿视率的差异分析

一定空间范围内，由于绿地率相对固定，要提升空间绿量则需从提高绿视率入手。从调研结果可知，不同街道的绿视率存在较大差异。5 条街道中，编号 5 街道的平均绿视率最高，为 36.9%，且 30 个样点的绿视率最高值也位于该街道上。编号 1 的平均绿视率最低，仅 22.0%。5 条街道的平均绿视率值从高到低依次为：编号 5（36.7%）＞编号 2（35.5%）＞编号 3（31.2%）＞编号 4（25.4%）＞编号 1（22.0%）。

按照街道等级划分，编号 1 为城市主干道（双向 8 车道）、编号 3、编号 4 为城市次干道（双向 4 车道）、编号 2、编号 5 为城市支路（双向 2 车道）。调查显示，城市主干道的绿视率相对较低，而支路往往具有较高的绿视率。结果说明，绿视率可能与视距（道路宽度）有关，植物离拍摄点越远，位于视域范围内的绿量越少，即绿视率越低。

（3）讨论

调研发现，影响街道绿视率的因素主要有以下几点：（1）街道宽度。一般情况下，街道越宽则相应的绿视率越小；（2）高架桥。样点 1、2、3、14 均位于高架桥之下，其对应的绿视率分别为 4.5%、17.4%、2.9%、9.5%，结果均远低于平均绿视率，说明高架桥对街道绿视率的影响极大。成都市二环路高架桥已部分进行了绿化改造，改造后的景观对绿视率有较大改善；（3）交叉口的街边绿化和立体绿化。街道交叉口通常是商业比较集中的地区，一般都比较开阔。但若能在街道转角处设置绿植或在转角处的建筑立面进行立体绿化，则可以一定程度上提高绿视率水平。在不影响交通视线的情况下，乔木对交叉口的绿视率影响最大。

3.4.3.2 生物多样性

为了解成都市生物多样性现状，笔者对成都市 10 处代表性绿地进行了生物多样性性调查，调查内容以植物物种多样性为主。

（1）样地与样方设置

选择调查区域涵盖青羊区、锦江区、金牛区、武侯区、成华区和高新区。根据典型性，代表性原则，选取调查样地（见表 3－20）。具体设置方法：圣灯公园和沙河公园客家广场各随机设置 5 个面积 20×20 m^2 样地，每个样地按梅花形方法设置 2×2 m^2 灌丛样方 5 个，共 25 个，1×1 m^2 草地样方共 25 个。小游园与居住区设置 10×10 m^2 大小样地 3 个，每个样地内设置样方数量与方法上公园。

表 3 − 20 调查样地情况简表

类型	名称	所属区
综合性公园	圣灯公园	成华区
综合性公园	沙河公园客家广场	成华区
微绿地/小游园	橡树林小游园	锦江区
微绿地/小游园	摸底河小游园	青羊区
微绿地/小游园	柳林游园	成华区
微绿地/小游园	吉泰路街头绿地	高新区
微绿地/小游园	府城大道紫薇小游园	高新区
居住区	双楠路 241 号	武侯区
居住区	惠民苑	金牛区
居住区	绿地云玺	锦江区

（2）生物多样性测定

根据实际需要，调查过程中将植物群落分三层（乔木层、灌木层、地被层）进行调查。综合文献资料，乔木层以胸径≥4 cm 为标准，对树木进行每株测量，记录树种的种名、株数；灌木层以高度≤5 m 为标准，记录植物种名、盖度；草本层记录植物种名、盖度。通过以下公式，计算物种多样性指数。

物种多样性：采用 Shannon − Wiener 香农 − 威纳指数（H）计算绿化树种的均匀度和丰富度。公式如下：

$$H = - \sum \left| (n_i/N) Ln(n_i/N) \right| \tag{8}$$

式中：n_i——第 i 个种的个体数目，N——群落中所有种的个体总数。

（3）调查结果

调查结果显示（表 3 − 21），微绿地/小游园的生物多样性最高，其次是综合性公园，生物多样性最低的是居住区（除绿地云玺小区）。橡树林小游园虽然面积仅为 0.12 hm^2，但种植多达 14 种乔木。微绿地/小游园的多样性高于综合性公园，主要原因是微绿地/小游园的植物种植更加精细，植物种类选择也更加多元，综合性公园则倾向于使用同种植物大规模种植，以营造出整体的氛围和气势。居住区的多样性较低原因在于用于绿化的用地有限，住区内植物选择相对单一。而绿地云玺为新建的小区，其生物多样性远高于另外两个居住区。可见，新建居住区对于户外空间环境的重视程度较高，景观也更加丰富。

表 3 - 21 生物多样性调查结果

类型	名称	多样性指数 H
综合性公园	圣灯公园	1.1
综合性公园	沙河公园客家广场	1.3
微绿地/小游园	橡树林小游园	3.5
微绿地/小游园	摸底河小游园	2.2
微绿地/小游园	柳林游园	1.6
微绿地/小游园	吉泰路街头绿地	1.6
微绿地/小游园	府城大道紫薇小游园	1.3
居住区	双楠路 241 号	0.6
居住区	惠民苑	0.9
居住区	绿地云玺	2.2

3.4.3.3 屋顶绿化

截至 2017 年，成都市屋顶绿化面积已超过 300 万平方米（陈勇，2017）。屋顶绿化的类型多样，按照使用功能可以将其划分为五类：观赏型、休闲型、科研型、生产型、综合型。成都城市既要社区中最常见的屋顶绿化类型是观赏型和生产型。观赏型屋顶绿化多见于私人性质的屋顶，通常是住在顶层的居民所专享的空间。因此，在符合建设标准的情况下，居民可以根据自己喜好进行屋顶绿化建设，部分屋顶空间较大的还会增设休闲设施（如景观亭、花架），该类型屋顶绿化质量一般优于生产型屋顶绿化。生产型屋顶绿化是参与度最高、最具发展潜力的屋顶绿化类型。生产型屋顶绿化通常只需较少的投入便可产生诸多效益，除前面提到的减少建筑能耗以外，参与生产活动还能改善居民的身体机能、促进身体健康。生产型屋顶绿化常建设于公共性质的屋顶之上，因此更能体现社会公平性，并促进社会交往。

　　笔者对 20 个既有社区的屋顶绿化建设情况进行了调研分析（表 3 - 22）。调查发现，成都城市既有社区的居民参与屋顶绿化的比例并不高，有屋顶绿化的既有社区占调查对象的 45%。究其原因有以下几点：其一，屋顶无法通达，主要受制于建筑结构（图 3.24）；其二，屋顶空间为顶楼住户所独有，其他社区居民无法进入；其三，尽管屋顶空间是公共性质且可以进入，但由于既有社区均未安装电梯，低层住户难以方便地使用屋顶空间。

表 3 - 22　屋顶绿化情况

所属区	小区名称	屋顶类型	是否为公共所有	屋顶绿化	屋顶绿化类型
武侯区	洗面桥街小区	平屋顶	是	无	无
	双楠路 241 号	平屋顶	是	无	无
	长城社区	平屋顶	是	有	生产型
锦江区	市政设施处职工住宅	平屋顶	是	有	生产型
	江东民居	平屋顶	是	无	无
	新莲新苑	平屋顶	否	有	观赏型
青羊区	王家塘 9 号院	平屋顶	是	无	无
	草堂北路 19 号小区	平屋顶	是	无	无
	锦秀民居	平屋顶	是	有	生产型
金牛区	万福苑	平屋顶 + 坡屋顶	否	有	观赏型
	肖家村四巷 8 号院	平屋顶	否	无	无
	青羊北路小区	平屋顶	是	无	无
	蓝色空间	平屋顶	否	有	观赏型
	惠民苑	平屋顶	是	无	无
成华区	东沙路 50 号小区	平屋顶	是	无	无
	福顺苑	平屋顶	是	有	生产型
	站东一组小区	平屋顶	是	无	无
	五冶宿舍	平屋顶	是	有	生产型
	双桥南路二街	平屋顶 + 坡屋顶	是	有	生产型
	联合小区	平屋顶	否	无	无

（a） （b）

图 3.24 居民楼内部与屋顶的连接情况

（a）居民楼内部与屋顶无连接；（b）居民楼内部与屋顶有连接

3.4.3.4 设施情况

附属绿地中重点考察的设施包括：环境质量显示装置、运动休闲娱乐设施、紧急呼救设施、海绵设施、无障碍设施。

环境质量显示装置是最近几年才大量投入使用的环境监测和显示设备，通常显示的内容包括：噪音值、PM2.5 值、温湿度值。目前，成都城市既有社区住区内部均未安装环境质量显示装置，人们对当前环境质量状况了解情况并不普遍，也未能及时采取相应的防护措施，从而使其健康受到影响。就装置本身而言，笔者认为，除显示一般数据以外，还应提供污染情况等级的告知，否则多数居民并不了解这些数值的真实意义。

运动休闲娱乐设施包括供成人锻炼的器械健身设施、儿童游乐设施、休憩座椅等。其中，器械健身设施的普及程度普遍较高，但数量却十分有限。目前，成都市的器械健身设施多由地方政府和福利彩票捐赠，管理则由当地街道办事处负责。器械健身设施的普及对强化全民健康素养具有重要意义。但仍需注意器械健身设施使用过程中的安全性，以及器械健身设施的日常管理工作。不当的运动方式可能导致身体伤害，而缺少管理的器械健身设施容易被废弃和占用（图 3.25）。

（a） （b） （c）

图 3.25 社区中的器械健身设施

（a）健身设施；（b）不当的锻炼方式；（c）对健身场地的占用

儿童游乐设施和休憩座椅在调研的既有社区中较缺乏（图 3.26）。儿童游乐设施通常由全体业主共同出资购买，由于利益得失不同，部分业主并不愿意缴纳相关费用。休憩设施同样比较稀少，笔者在调研过程中了解到，部分街道办事处为方便社区居民户外休息免费为其提供公共座椅，但仍然遭到少部分居民的抵制，原因在于公共座椅安置的位置距离其住所过近影响其日常生活。由此可见，既有社区户外空间环境建设阻碍重重。

图 3.26　社区中的儿童游乐设施和休憩座椅

紧急呼救设施是当个人遭遇生命财产威胁时使用的一种求救设施。通常由紧急按钮、警报灯和警报音响构成。紧急呼救设施在国内尚未见投入使用，但随着国民素质的不断提升，以及老年人口的迅猛增长，在户外空间中设置紧急呼救设施将成为挽救生命和财产的重要装置。社会各层应加强紧急呼救设施重要性的宣传，并告知使用紧急呼救设施的注意事项，如同使用消防设施一样，非紧急情况不得随意按动呼救按钮。

海绵设施的使用是海绵城市和海绵社区建设的重要内容。2014 年住房城乡建设部发布了《海绵城市建设技术指南》（住房城乡建设部，2014），从规划设计、工程建设和维护管理多个方面对海绵城市建设提供了指导。2017 年，成都市发布了《成都市海绵城市规划建设管理技术规定（试行）》，明确了成都市海绵城市建设目标。到 2030 年，成都市建成区 80% 以上的面积要实现 70% 的降雨就地消纳和利用（成都市人民政府，2017a）。居住区宜选用的海绵设施包括：雨水花园、植草沟、透水铺装、绿色屋顶、渗透塘、渗井、湿塘、雨水罐、渗管/渠、调节塘、雨水湿地、下沉式绿地、生物滞留设施。从调研情况看，既有社区中的海绵设施选用不足，即使是改造后的既有社区也未将海绵设施运用其中。现有的海绵设施主要有绿色屋顶和下沉式绿地。

完善的无障碍设施是社会包容和社会平等的重要体现。既有社区的户外空间中无障碍设施建设严重不足，各种地势高差随处可见，缺少坡道和扶手等设施。存在高差的地方常见情况有：一楼住户地坪层与户外空间往往有数步台阶的高差；其次，步行道和绿地空间通常高于道路约 10—15 cm，轮椅使用者难以进入。以公共厕所为代表的公共服务设施无障碍实施情况总体较好（图 3.27）。

图 3.27 社区中的无障碍设施建设状况

3.4.3.5 避难场所

避难场所的设计应按照住房和城乡建设部颁布的《城市绿地防灾避险设计导则》和国家《防灾避难场所设计规范》（GB 51143—2015）执行。本书将"人均紧急避难场所面积"作为评价指标之一。《城市绿地防灾避险设计导则》中规定，紧急避险绿地的人均有效避险面积应≥1 m^2/人，且在 3—10 min 内快速到达（住房城乡建设部，2018）。目前，紧急避难场所一般结合街头绿地、小游园、广场绿地及部分附属绿地设置，并与周边广场、学校等场所统筹协调。作为紧急避难的城市绿地面积不应小于 600 m^2，且位于建筑物倒塌影响范围之外（影响范围半径为建筑物高度的一半）。

经调查，20 个既有社区均拥有符合标准的紧急避难场所，利用学校作为紧急避难场所的达 45%，利用城市绿地为紧急避难场所的达 55%。紧急避难场所设计时，应包括应急供水、供电、通讯、标志、消防等设施。但调研中发现，仅部分紧急避难场所严格设置了指示标志（图 3.28）。

图 3.28 设置有应急标志的学校

3.5 管理与维护

"管理与维护"是保障户外空间持续使用的基础，"管理与维护"的主要内容包括：景观养护、环境卫生与设施维护。

3.5.1 景观养护

景观养护的内容可以按景观要素类型划分，通常可分为植物、水体、道路（铺装）、山石、建筑、地形等。在户外空间环境中，景观养护的重点是植物。植物是具有生命力的景观要素，尽管在自然状态下植物也能生长良好，但在城市环境大背景下会略显杂乱，与城市整体景观难以协调。笔者在对成都城市既有社区的调研过程中发现，城市既有社区植物景观存在的主要问题有：植物缺少修剪整理（图3.29）；乔木总体生长良好，但林下植物生长较差，大量地表裸露（图3.30）；常绿乔木和落叶乔木配置比不合理（图3.31）。

图3.29　缺少修剪整理的植物景观

图3.30　生长不良的林下植物

图3.31　常绿与落叶乔木配置

城市既有社区中设置有水景的情况较少，主要原因是建设空间不足和后期养护成本高。调查对象中金沙公园东社区的惠民苑内规划有一处集中的景观水体（图3.32）。该水景位于住区内唯一的集中绿地中部，水景中间布置有假山石和汀步，水景旁边设有一处景观凉亭和少许公共座椅。由于该水景是一潭死水，水体浑浊，成为滋养蚊虫的温床。该水景尽管设置了安全警示牌，但水深近1 m且无护栏，存在较大的安全隐患。

图3.32　惠民苑中的水景

3.5.2　环境卫生

环境卫生状况对人们的健康影响最为直接和重大。从调研情况看，成都城市既有社区环境卫生状况总体良好，住区内和社区公共场所通常聘用了保洁人员和环卫工人。户外空间中较少看到乱扔垃圾的情况，说明市民整体素质较高。环境卫生方面存在的主要问题有以下几点：其一，垃圾站（点）暴露在外，造成二次环境污染；其二，临街商业对环境卫生重视不足。

几乎所有调研对象的垃圾站（点）均暴露在户外，多数使用的是无盖垃圾收集箱（桶），有些垃圾站有门但仍处于敞开状态（图3.33）。垃圾站（点）暴露在外，一方面影响景观环境，另一方面，集中堆放的垃圾在温度较高时散发出恶臭，给路过行人的呼吸系统造成伤害。临街商业不仅经常占道经营，还对街道环境卫生产生不良影响，影响市容市貌和城市形象，城市管理部门应加强此方面监督管理（图3.34）。

图3.33　暴露在外的垃圾站（点）

图 3.34　临街商业对环境卫生的破坏

3.5.3　设施维护

设施维护的重点是确保设施的完好状态以及公共设施不被私人占用。设施的完好状态不仅影响设施的使用功能，同时还影响设施的安全性（图 3.35）。调研中最常见的是路面缺少维护，其次是公共座椅损毁严重。路面完好平整是保障步行安全的基本要求，造成路面损坏的主要原因是机动车碾压和临时施工。残缺或损坏的公共座椅可能造成严重的身体伤害，各既有社区应该认真展开排查工作，及时更换新的设施。

图 3.35　缺少维护的设施

公共设施被私人占用的情况在既有社区中时有发生。主要有以下两种情况：一是占用消防通道；二是占用公共活动空间和设施。占用消防通道的情况应严厉禁止，确保生命线的畅通（图 3.36）。公共活动空间和设施被占用情况较多，主要有私人搭建构筑物、私家车占用、利用公共活动空间为私人所用等情况（图 3.37）。究其原因在于人们的功能诉求在户外空间中无法得到满足。

图 3.36　消防通道被占用

图 3.37　公共空间和设施被占用

3.6　成都城市既有社区健康促进型户外空间环境评价——以双楠路 241 号为例

3.6.1　项目基本情况

双楠路 241 号属于武侯区双楠街道办碧云路社区管辖范畴。碧云路社区北以双楠路为界，东以双元街、广福桥北街为界，南以高升桥路为界，西以二环路西一段为界。碧云路社区辖区面积 0.75 km²，常住人口 2.7 万人，8 945 户，其中户籍人口 9 239 人。双楠街道办事处、双楠派出所均在辖区内。

双楠路 241 号位于碧云路社区北面，北依双楠路，东临双楠街道办事处、双楠派出所。双楠综合农贸市场位于其南侧，距离约 200 m。置信广场和成都石室双楠实验学校均位于小区东侧，距离约 200—400 m。双楠路 241 号北面约 1 km 处有人民医院草堂医院，1.5 km 处为浣花溪公园（综合性公园）。

双楠路 241 号共有 4 栋 7 层的住宅楼，常住人口约 350 人。双楠路 241 号的户外空间极其有限，1 栋和 2 栋居民楼之间规划有一处非机动停车场，采用的是半地下形式。停车库上方是景观化处理的中庭空间，并种植有各类植物和蔬菜瓜果。其余楼栋之间均为宅前路空间，居民常在楼下闲坐聊天和品茶（图 3.38）。2017 年，地方政府为双楠路 241 号为代表的城市既有社区进行了更新改造，改造后社区整体环境得到极大改善（图 3.39）。

图 3.38　双楠路 241 号的户外空间环境

（a）　　　　　　　　　　　　　（b）

图 3.39　改造前后的户外空间环境

（a）改造前的宅前路空间；（b）改造前的宅前路空间

3.6.2　健康促进型户外空间环境评价方法

本案例利用 2.4 节构建的"健康促进型户外空间环境评价指标体系"（以下简称"评价表"）进行指标调查，计算和赋分。"评价表"由四级指标构成，包含 1 项一级指标层，5 项二级指标层，15 项三级指标和 48 项四级指标层。通过 AHP 层次分析法建立的评价指标权重，得到单个评价指标的权重值及其二级指标的总得分（以总分 100 分计），占比为自然环境质量、土地利用质量、交通环境质量、绿地空间质量、管理与维护各自分别的总分为 44.0、23.1、12.2、14.4、6.3。在具体给单个指标评分时，参考各指标评分标准，"优""良""差"对应的系数为 0.99、0.66、0.33，换算出单个指标对应的分值。数据获取包括实地数据测量、问卷访谈、统计资料查阅等多种途径获取。

3.6.3　评价结果

双楠路 241 号的户外空间环境评分为 71.9 分，属中等健康促进水平。由二级指标得分情况可知（表 3-23），调查对象的"土地利用质量"（23.4 分）、"管理与维护"（6.0 分）均得分较高，与指标体系构建的 5 个二级指标总分占比达 92.4% 和 94.8%，说明被调查的既有社区在公共服务和城市建设各方面均较成熟。相比之下"自然环境"总体良好，但"交通环境质量"和"绿地空间质量"亟待加强。特别是"绿地空间质量"的得分仅占该类总分的40.3%。各四级指标的具体分值见表3-24。

表 3-23　二级指标得分情况

二级指标	自然环境质量	土地利用质量	交通环境质量	绿地空间质量	管理与维护
总分	44.0	23.1	12.2	14.4	6.3
得分	31.8	21.4	6.9	5.8	6.0
得分占比	72.4%	92.4%	56.8%	40.3%	94.8%

表 3-24　健康促进型户外空间环境评价指标体系情况表

健康促进型户外空间环境考核指标			评价总分为 71.9 分		
一级指标层	二级指标层	三级指标层	四级指标层	指标分值	评价得分
健康促进型户外空间环境评价指标体系A	自然环境质量 B1	空气 C1-1	空气质量优良率 D1-1-1	7.2	2.4
			空气污染指数 AQI 年平均值 D1-1-2	11.5	7.6
			负氧离子水平（个/cm³）D1-1-3	8.0	5.3
		光照 C1-2	日照小时数 D1-2-1	5.3	5.2
			紫外线照射度 D1-2-2	1.6	1.1
		温湿度 C1-3	温湿指数 D1-3-1	10.4	10.3
	土地利用质量 B2	密度 C2-1	人均城市建设用地面积（m²/人）D2-1-1	4.6	3.0
		用地多样性 C2-2	用地多样性指数 D2-2-1	5.8	5.7
		可获得性 C2-3	公共服务设施可获得性 D2-3-1	7.3	7.2
			绿地空间可获得性 D2-3-2	5.4	5.3
	交通环境质量 B3	步行道 C3-1	步行道密度（km/km²）D3-1-1	2.1	0.7
			步行道有效宽度（m）D3-1-2	1.3	0.9
			林荫步行空间比例（%）D3-1-3	0.4	0.4
			路面铺装破损情况 D3-1-4	0.8	0.5
			坐憩设施数量 D3-1-5	0.5	0.2
			过街设施间距（m）D3-1-6	1.1	0.7
			步行环境无障碍设施合理性 D3-1-7	0.6	0.4

健康促进型户外空间环境考核指标				评价总分为 71.9 分	
一级指标层	二级指标层	三级指标层	四级指标层	指标分值	评价得分
健康促进型户外空间环境评价指标体系A	交通环境质量B3	自行车道C3-2	自行车道密度（km/km²）D3-2-1	1.4	0.5
			自行车停车设施合理性 D3-2-2	0.8	0.5
		机动车道C3-3	街道密度（km/km²）D3-3-1	0.4	0.4
			街道交叉口密度（个/km²）D3-3-2	0.4	0.4
			交通信号灯密度（个/km²）D3-3-3	0.3	0.2
			街道宽度与周边建筑高度比 D3-3-4	0.3	0.3
			消防通道畅通性 D3-3-5	0.3	0.3
			噪声平均值（dB）D3-3-6	0.3	0.1
			与最近公共交通车站的距离（m）D3-3-7	0.3	0.2
			机动车停车供需比（%）D3-3-8	0.3	0.1
			地面停车率（%）D3-3-9	0.3	0.1
			残疾人专用停车位（%）D3-3-10	0.3	0.1
	绿地空间质量B4	公园绿地C4-1	人均公园绿地面积（m²/人）D4-1-1	3.7	1.2
			公园平均面积（hm²）D4-1-2	0.7	0.2
		广场用地C4-2	人均广场拥有量（m²/人）D4-2-1	3.1	1.0
		附属绿地C4-3	空间绿量指数 D4-3-1	1.4	0.9
			生物多样性 D4-3-2	0.7	0.2
			屋顶绿化占比（%）D4-3-3	0.6	0.2
			屋顶绿化公共性 D4-3-4	0.6	0.2
			环境质量显示装置 D4-3-5	0.6	0.2
			运动休闲娱乐设施 D4-3-6	0.6	0.4
			紧急呼救设施 D4-3-7	0.6	0.2
			人均紧急避难场所面积（m²/人）D4-3-8	0.6	0.4
			海绵设施选用情况 D4-3-9	0.6	0.2
			绿地空间无障碍设施合理性 D4-3-10	0.6	0.4

续表

健康促进型户外空间环境考核指标				评价总分为 __71.9__ 分	
一级指标层	二级指标层	三级指标层	四级指标层	指标分值	评价得分
健康促进型户外空间环境评价指标体系 A	管理与维护 B5	景观养护 C5－1	植物养护情况 D5－1－1	1.5	1.5
			裸露地表情况 D5－1－2	0.4	0.4
		环境卫生 C5－2	环境洁净情况 D5－2－1	1.5	1.5
			垃圾站点服务半径（m）D5－2－2	1.1	1.1
		设施维护 C5－3	设施完好情况 D5－3－1	1.0	1.0
			私人占用情况 D5－3－2	0.8	0.5

3.6.4 讨论

（1）制约"交通环境质量"得分的主要因素包括几点：其一，步行道密度（9.4 km/km²）评价为"差"。调查范围内，除城市道路两侧步行道以外，并未建设步行专用路，从而影响了该项评分。其二，调查对象 1 km 范围内未建设有自行车道，故自行道路密度评价为"差"。其三，由于调查范围内多为既有社区，在规划建设初期对机动车停车问题认识不足，导致"停车难"问题突出。目前多采用路内停车和路边停车，住区内部车辆采取的是路面停车，停放机动车占用了大量的户外活动空间，甚至侵蚀了绿地空间。

基于以上三点，笔者认为要提升双楠路241号的"交通环境质量"应结合"立体停车"和"社区绿道"等措施。首先，合理规划立体停车设施，宜分散不宜集中，扩大停车设施整体服务范围，从而腾出机动车占用的户外空间；其次，利用"社区绿道"建设契机，用"绿道"串联起社区居民的日常生活轨迹，同时增加了步行道和自行车道的密度。

（2）双楠路241号的"绿地空间质量"各评价指标的评分都比较低，主要原因有以下几点：其一，调查范围内绿地面积十分稀少，直接导致该项所有指标内容评分空间有限，特别是对于单项指标权重较高的"人均公园绿地面积"和"人均广场拥有量"而言更是如此。尽管项目北面 2 km 处有浣花溪公园，但并不在本次评价范围内。其二，屋顶绿化建设的忽视，直接导致"绿地空间质量"评分损失 0.8 分，若再加上"生物多样性"评价损失的 0.5 分，则原本可作为加分项的被白白浪费。其三，"绿地空间质量"评价中加入了多项较新的指标，如"环境质量显示装置""紧急呼救设施""海绵设施选用情况"，多数既有社区的此类项目均未建设，所以在一定程度上影响了整体得分。

因此，笔者认为，要破解"绿地空间质量"困境，还需挖掘"存量空间"并积极拓展新的绿地空间。首先，尽可能完善既有绿地空间的服务功能，如增加相关装置和设施；其次，应加大"屋顶绿化"建设程度，结合全市既有社区"增建电梯"契机，提高屋顶空间可获得性；最后，可将部分车流量不大的街道改造为"共享街道"或"生活街道"，以增加居民活动空间面积。

3.7　小结

本章根据户外空间环境健康促进机制的框架影响因素分析结果，认为自然环境、土地利用、交通环境、绿地环境、管理与维护是影响人居环境健康的五大要素。据此对成都城市既有社区进行了详细调查。结果表明：空气污染、噪声污染是当前面临的主要自然环境问题；人均建设用地面积不足、户外空间环境的"可获得性"差异较大导致土地利用矛盾加剧；公共交通建设情况较好，但无障碍化建设问题突出，步行道、自行车道、机动车道建设均存在一定的问题；绿量指数良好，公园绿地主要集中于四环路和三环路之间，三环路以内多以街旁绿地、小游园和微绿地形式存在。附属绿地普遍生物多样性较差、屋顶绿化率不高、设施和避难场所建设亦存在问题。管理与维护总体表现良好。

基于上述五方面的调查结果，结合第二章提出的"健康促进型户外空间环境评价指标体系"，以双楠路241号的户外空间环境为实证案例评价，综合评价得分为71.9分，属中等健康促进水平。评价结果显示，"土地利用质量"和"管理与维护"得分较高，但"交通环境质量"和"绿地空间质量"亟待加强。为此提出结合"立体停车"和"社区绿道"建设，挖掘"存量空间"并积极拓展新的绿地空间等具体的优化措施。

| 第四章 |

成都城市既有社区老年人行为活动研究

4.1 老龄化现状及被调查样本的人口学特征

4.1.1 成都城市老龄化现状

四川省老龄化程度居于全国前列，成都市作为四川省省会城市其老龄化程度同样突出。2016 年，成都市老龄化程度创历史新高达到 21.41%，这是由于 2016 年成都市进行了行政区划，将简阳市划归成都市管辖，而简阳市老年人口数位居全市各区（市）县第一（326 035 人）。2016 年成都市户籍人口数较 2015 年增长 1 711 993 人，老年人口增长 396 413 人，增幅为近 5 年最大。截至 2017 年 12 月 31 日，成都市户籍人口共 1 435.33 万人，60 岁及以上老年人口 303.98 万人，占总人口的 21.18%（成都市老龄办，2018）。老年人口中 60 — 79 岁占比为 86%，高龄老人（80 岁及以上）占 14%。全市提供的养老床位约 11.4 万张，床位数占老年人口比例为 3.75%。

在原中心城区（2017 年中心城区扩容之前）五城区中，金牛区老龄化程度最高，2017 年统计为 24.44%，高出全市平均水平 3.26%。同时从老旧院落统计来看，金牛区老旧院落数量约为 1 000 个，在五城区中数量位列第一。因此，金牛区在老年宜居环境建设方面的需求更加迫切。

4.1.2 被调查样本的人口学特征

4.1.2.1 性别特征

选择成都城市中心城市的锦江区、青羊区、金牛区、武侯区、成华区、高新区六城区的 20 个既有社区为调查区域，在此区域中以 60 岁及以上的老年人为研究对象，采用随机问卷调查法调查样本人口学特征。共发放 300 份，其中有效问卷为 285 份，有效率为 95%。本次调查中，男性老年人口数为 123 人，占调查对象总人数的 43.16%，女性老年人口数为 162 人，占调查对象总人数的 56.84%，女性老年人稍多于男性老年人，这与成都市老年人口性别特征基本符合。

4.1.2.2 年龄特征

调查显示，60—69 岁的低老化程度的老年人为 138 人，占调查对象总人数的 49%；70—79 岁中等老化程度的老年人为 92 人，占调查对象总人数的 32%；80 岁及以上的高龄老年人为 55 人，占调查对象总人数的 19%。可见成都城市既有社区高龄化程度较成都市平均水平（15%）高出 4%，高龄化趋势也更为明显。

4.1.2.3 居住特征

调查结果显示，成都城市既有社区空巢家庭占老人家庭比例为 52.3%，高于成都市平均水平（33%），其中与老伴同住为 41.8%，自己独居为 9.8%，另有 0.7% 的老人与孙辈同住。与子女同住的老人占调查总人数的 27.7%，与老伴子女同住的为 20.0%，两者合计为 47.7%（表 4 – 1）。

表 4 – 1　调查对象的居住特征　　　（单位：人）

居住特征	n	构成比例%
与老伴同住	119	41.8%
与子女同住	79	27.7%
与老伴子女同住	57	20.0%
自己独居	28	9.8%
与孙辈同住	2	0.7%
合计	285	100%

随着人口老龄化程度的加深，以及中国家庭结构的改变，空巢家庭逐渐成为我国老年人家庭居住的主要形式（方荣华等，2016）。据 2010 年成都市人口普查数据显示，在老人家庭空巢率 33% 中，独身老人户数为 24.8 万户，占空巢家庭比例 57.9%（赵书，2015）。空巢化、高比例的独身老人更加突出了建设居家社区养老支持性环境的迫切性。鉴于成都市老龄进程的空巢现象日益突出，有必要给予此类群体更多关注，完善相应的养老服务体系和户外空间环境建设。因此，健康促进型户外空间环境对于改善空巢老人健康状况、提升其生

活质量意义重大。

4.1.2.4 经济特征

老年人与年轻人相比其经济来源显著收窄，大部分收入来源为离退休金和子女赡养。除此之外，大量"农转非"老年人主要依靠养老保险或劳动获得的报酬维持日常生计。成都市目前的"农转非"老年人每人每月可领取约 1 500元基本养老金，同时享受一定的住院医疗保险费。本研究调查结果显示，每月收入低于 1 000 元的老年人仅占 4.8%，月收入 1 000—2 000 元的老年人数最多，达 47.1%。月收入在 2 000—3 000 元，3 000—3 500 元，3 500 元及以上的老年人比例分别为 24.9%、9.5%、13.7%（表 4 - 2）。对部分仍然从事有偿劳动的老年人深入访谈得知，环卫工人月薪约为 1 800—2 000 元，机动车照看员月薪约 2 000 元，小区内保洁工月薪 1 000 元。由此可知，老年人不仅经济来源收窄，即使从事部分有偿劳动，仍然只能获得极低的劳动报酬。较低的经济能力只能维持老年人最基本的生活开销，一旦生病可能造成家庭的财务危机。

表 4 - 2　调查对象的经济特征　　　　　（单位：人）

收入	n	构成比例%
1 000 元以下	14	4.8%
1 000—2 000 元	134	47.1%
2 000—3 000 元	71	24.9%
3 000—3 500 元	27	9.5%
3 500 元及以上	39	13.7%
合计	285	100%

较差的经济能力同样制约了老年人养老模式的选择。以成都市第一社会福利院收费标准为例，床位费最低 710 元/月、基础护理费 220 元/月、公杂费 100 元/月、伙食费 650 元/月，以上最低月支出合计 1 680 元（表 4 - 3）。若老年人身体健康状况变差需要护理或相应的治疗，产生的费用是普通家庭难以承受的。因此，鉴于传统的养老观以及客观的经济能力，大部分老年人选择居家养老。

表4-3　成都市第一社会福利院收费标准

楼层	床位费	护理费		公杂费	伙食费	医疗费
		基础护理费	护理等级			
一至二楼	840（套房）	220	680/介助一级	100	650（根据物价指数上下浮动）	据实收取
三楼及以上	710（标间）（审核价714）		1 280/介助二级			
			2 080/介护一级			
			3 180/介护二级			

资料来源：成都市第一社会福利院官网。

4.1.2.5　健康特征

从健康状况来看，调查对象中认为身体健康的老年人比例为35.4%，患慢性病的老年人比例为64.6%。老年人中患有1种慢性病、2种及以上的比例分别为40.7%、23.9%（表4-4）。在老年人中，患病率位于前列的有：高血压、骨关节炎、糖尿病、心脏病、慢性阻塞性肺疾病、脑血管病、青光眼、恶性肿瘤等（表4-5）。

表4-4　调查对象的健康特征

患病种类数	例数	构成比例%
0	101	35.4%
1	116	40.7%
2	45	15.8%
3	18	6.2%
>3	5	1.9%
合计	285	100%

表4-5　老年人患慢性病种类

慢性病种类	例数	构成比例%
高血压	117	41.7%
骨关节炎	54	19.3%
糖尿病	52	18.5%

慢性病种类	例数	构成比例%
心脏病	27	9.5%
慢性阻塞性肺疾病	7	2.4%
脑血管病	6	2.1%
青光眼	3	1.1%
恶性肿瘤	3	0.9%
其他	13	4.5%
合计	280	100%

4.2 既有社区老年人的日常户外活动

4.2.1 活动类型

老年人由于社会角色的转变以及身体机能的改变，其生活和活动中心逐渐向家庭和社区收缩。社区户外空间环境是老年人日常户外活动的主要场所。成都城市既有社区老年人的日常户外活动可以分为 4 大类：健身类、娱乐类、养身类、社会类。健身类活动主要有散步、器材健身、打太极拳/太极剑、跳广场舞/体操、球类运动等。娱乐类活动主要包括棋牌麻将、读书看报、唱歌听戏、喝茶等。养身类活动有种花养草/种菜、书画、摄影、垂钓、养宠物等。社会类活动较复杂，既包括带小孩、与家人朋友聊天，也有逛街（逛公园）、买菜、做社会公益活动等活动类型。

老年人对日常户外活动类型的选择受多方面因素的影响，除个人兴趣爱好以外，主要还受到年龄和健康状况的影响。从对成都城市既有社区老年人的日常户外活动调查分析来看（表4-6），所有年龄段中选择散步和与家人朋友聊天的比例最多。一方面，散步作为最适宜老年人的锻炼方式受众群体广泛；另一方面，与家人朋友聊天体现出老年人的生活重心偏向于家庭和社区，同时老年人对社会交往的需求愈加强烈，以排除由于个人社交圈子缩小带来的不良心理和情绪。

表4-6 不同年龄段的老年人户外活动类型

活动类型	活动名称	年龄－人数					
		60—69岁	人数	70—79岁	人数	80岁及以上	人数
健身类活动	散步	78.5%	108	79.2%	73	82.7%	45
	器材健身	36.7%	51	30.0%	28	2.6%	1
	打太极拳/太极剑	16.4%	23	11.6%	11	3.5%	2
	跳广场舞/体操	42.4%	59	20.4%	19	3.2%	2
	球类运动	5.3%	7	4.5%	4	0.9%	0
娱乐类活动	棋牌麻将	39.7%	55	40.5%	37	12.3%	7
	读书看报	3.6%	5	2.6%	2	1.1%	1
	唱歌听戏	12.5%	17	8.5%	8	0.5%	0
	喝茶	20.9%	29	23.4%	22	15.0%	8
养身类活动	种花养草/种菜	25.8%	36	26.2%	24	17.5%	10
	书画	2.2%	3	1.5%	1	1.2%	1
	摄影	1.5%	2	1.1%	1	0.0%	0
	垂钓	0.9%	1	0.7%	1	0.0%	0
	养宠物	8.6%	12	5.9%	5	2.6%	1
社会类活动	带小孩	21.7%	30	8.4%	8	0.0%	0
	与家人朋友聊天	62.8%	87	63.4%	58	68.5%	38
	逛街（逛公园）	52.8%	73	33.6%	31	10.6%	6
	买菜	89.3%	123	56.8%	52	6.5%	4
	做社会公益活动	4.4%	6	1.3%	1	0.0%	0

调查数据显示，选择散步和与家人朋友聊天的人数随着年龄的增长而递增，其余活动类型随着年龄增长都不同程度地减少。由于老年人身体机能具有增龄递减的趋势，散步作为能量消耗较少以及能力要求较低的锻炼类型，不仅适合低老化程度的老年人，对于高龄老年人也是最佳的锻炼方式。因此，提高户外步行环境质量对于保障老年人步行安全性和舒适性具有重要意义。

选择与家人朋友聊天的人数随年龄增长表现出递增的趋势，这与高龄老年人身体活动能力降低和活动范围变窄均相关。户外空间环境中应为老年人社会交往提供场所支持。

在所有活动类型中，"买菜"作为日常必要性活动在低老化程度和中等老化程度的老年人群体中比较普遍。老年人在"买菜"过程中往往会伴随发生许多其他类型的活动，如步行、聊天以及其他社群活动（如买菜前后时间里去社区活动中心或"老年之家"参与相应的活动）。

器材健身、球类活动、读书看报、唱歌听戏、书画、摄影、垂钓、养宠物、带小孩、做社会公益活动相较于其他活动类型，由于这几类活动对老年人的身体机能（如体力、视力、听力等）的要求较高，所以随着年龄增长，参与上述活动的人数减少明显。

4.2.2 空间分布

对成都城市既有社区的调查发现，老年人户外活动的空间选择主要有 4 类：宅间与小区内部活动场所、小区周边街道与活动场所、城市广场与公园、社区活动中心与体育场馆。宅间与小区内部活动场所是老年人最主要的活动空间（图 4.1），该比例达到了 72.5%。其次是小区周边街道与活动场所，占 62.4%。选择城市（社区）广场与公园的比例为 36.2%。而选择社区活动中心与体育场馆的人数相对较少，仅为 12.4%（表 4-7）。

图 4.1 老年人在小区内部活动

表 4-7 老年人户外活动空间选择

户外活动空间选择	选择人数	构成比例%
宅间与小区内部活动场所	207	72.5%
小区周边街道与活动场所	178	62.4%
城市（社区）广场与公园	103	36.2%
社区活动中心与体育场馆	35	12.4%

4.2.3 时段分布

从季节上看，成都城市既有社区的老年人在夏季外出活动时间相对于冬季更长，老年人更愿意选择天气状况良好、阳光充足的白天进行户外活动。夏季由于日出时间较早（通常6:00左右），老年人外出活动的时间也相对较早，通常早餐结束后的7:00—9:00之间是老年人活动较集中的时间段。由于夏季室外温度较高，高温容易导致老年人中暑损害其健康，因此在中午时段和下午较早时段外出活动的老年群体较少，16:00—17:00是老年人外出活动的另一高峰时段。晚饭时间结束后，老年人通常有外出活动的习惯，主要是散步、带小孩、跳广场舞/体操等活动类型。晚饭后的活动多集中于19:00—21:00。

老年人冬季活动时间与夏季稍有不同，成都冬季日出时间多为7:00—8:00，因此老年人上午外出活动时间相对较晚，多集中在8:00—10:00之间。相较于夏季，冬季下午外出活动的老年人明显增多，老年人成群结队外出活动享受冬季难得的阳光。由于冬季日落时间偏早，15:00—16:00是老年人户外活动的集中时段。冬季晚上外出的老年人相对较少，活动时间也相对缩短，主要发生在18:00—20:00之间。

整体而言，老年人每天主要外出活动的时间集中在早饭后的7:00—10:00和15:00—17:00之间。早饭前外出活动的老年人相对较少，晚间外出活动的老年人相较于白天明显减少，这可能是出于外出活动安全的考虑。另外，天气状况不好的情况下，除必要性活动（如买菜、就医）以外，老年人几乎不会选择外出活动。

表4-8 老年人户外活动时段分布

季节	人数/比例	早饭前	上午	下午	晚饭后
夏季	人数	31	204	101	121
	比例	10.8%	71.5%	35.6%	42.5%
冬季	人数	13	185	127	76
	比例	4.5%	64.8%	44.5%	26.8%

4.2.4 活动频率

对成都城市既有社区的老年人户外活动频率的调查发现，户外活动是老年人日常生活的重要内容之一。老年人的户外活动频率远高于年轻人群，天气状况良好（非下雨或重度雾霾天气）的情况下，每天至少外出活动一次的老年人比例高达85.6%。其中每天外出活动2－3次的比例亦有47.5%。基本不外出的老年人很少，仅为1.2%，多数是由于身体原因不便外出活动。偶尔外出（每周外出活动1—2次）的老年人占比为13.2%（表4－9）。随着年龄的增长，老年人外出活动频率有减少的趋势。

表4－9 老年人户外活动频率

活动频率	每天至少外出一次	基本不出户	偶尔外出
人数	244	3	38
构成比例（%）	85.6%	1.2%	13.2%

4.2.5 持续时间

成都城市既有社区的老年人户外活动持续时间亦有所差别，主要受个人身体状况和活动类型的影响。调查发现（表4－10），每次外出活动时间少于30 min的老年人比例仅为12.5%；每次活动时间在30—60 min的人数最多，比例约为58.7%；而每次外出活动时间多于60 min的比例为28.8%。以外出买菜为例，大多数老年人需要耗费的时间约为60 min，这与老年人住宅和菜市场之间的距离有一定的关系，通常老年人都是以步行方式前往菜市场。另外，多数老年人会选择住宅附近500 m范围内的活动场地进行活动，前往目的地需花费的时间约为10 min左右。

表4－10 老年人户外活动持续时间

活动持续时间	少于30min	30—60 min	大于60 min
人数	36	167	82
构成比例（%）	12.5%	58.7%	28.8%

4.3 既有社区老年人的户外空间环境需求

4.3.1 户外空间环境满意度

针对成都城市既有社区老年人的户外空间环境满意度调查显示（表4－11），多数老年人（54.5%）对社区户外空间环境表示满意，其中有6.4%的老年人表示非常满意，48.1%的基本满意。不满意的老年人比例为45.5%，主要不满意的内容为活动场所偏少、缺少公共厕所和座椅等。

表4-11 老年人户外空间环境满意度

满意度	非常满意	基本满意	不满意
人数	36	167	82
构成比例（%）	6.4%	48.1%	45.5%

4.3.2 户外空间环境需求

老年人对户外空间环境的需求主要与其户外活动类型和生理心理特征相关。如前所述，老年人户外活动类型主要有四大类：健身活动、娱乐活动、养身活动、社会活动。

4.3.2.1 健身活动的户外空间环境需求

健身活动中散步主要开展的场所为小区内部、小区周边街道以及城市（社区）广场与公园。小区内部和小区周边街道因为临近老年人住宅，可达性高，特别是对于年龄较大的老年人，更愿意选择此类空间进行散步。但小区内部及周边由于大量路边停车、人车混行、街道障碍物以及街道质量问题，导致老年人在小区及周边散步存在较大安全性隐患，步行环境质量有待提高。部分老年人住宅因临近城市（社区）广场与公园，故能享受到广场与公园提供的舒适散步环境。这类老年人通常对户外空间环境的满意度较高。老年人在身体条件允许的情况下比较喜欢器材健身，小区、公园等场所也多设置了健身器材，但目前设置的健身器材缺少符合不同年龄段老年人锻炼需求的设计。若使用不当，部分健身器材可能导致老年人健身时受到伤害。布置有健身器材的场地，其铺装极少为软性材料，在老年人锻炼受伤时难以起到缓冲作用，可能造成二次伤害。打太极拳/太极剑、跳广场舞/体操通常需要较开阔的场地，老年人往往选择城市（社区）广场与公园开展此类活动，但在条件受限时，老年人也会在小区及周边较开敞的空地进行此类活动。球类活动的开展通常需要专业的场地支持，因此普及程度较低。

4.3.2.2 娱乐活动的户外空间环境需求

调查显示，娱乐活动中最受欢迎的是棋牌麻将和喝茶。老年人进行棋牌麻将活动的场所分为两类，一种是室内的棋牌馆，另一种是临时"组局"的室外场地，常见于街边，亦可见于广场与公园等场所。成都人素来爱喝茶，盖碗茶是成都的一大特色，老年人常爱去公园喝茶，也有部分人在街边、茶馆度过悠闲时光。街边的棋牌麻将和喝茶活动也成了成都"市井文化"的重要组成部分。但同时值得注意的是，街边开展此类活动容易造成街道拥堵、占用公共资源的情况，因此，在户外空间环境建设过程中，既要保留传统文化和生活习惯，又要避免活动开展造成的不利影响。

4.3.2.3 养身活动的户外空间环境需求

养身活动主要在小区及周边开展，在养身活动中老年人参与最多的是种花养草/种菜（25.8%）和养宠物（8.6%）。老年人种花养草/种菜可以收获多种益处：一方面，种花养草/种菜可以提高老年人的身体机能和健康水平，愉悦心情并增加老年人的日常身体活动量。另一方面，种菜收获的绿色蔬菜可以减少日常生活支出并保障食物来源的健康。社区园艺（菜园）在城市中逐渐普及，受到各年龄段城市居民的追捧。但在小区公共空间进行种花养草/种菜容易损害小区其他业主的利益，因此，社区园艺在发展过程中仍然存在诸多争议。老年人饲养宠物主要是为了排解孤独寂寞，爱宠成为老年人的一种精神寄托。遛狗可以增加老年人的身体活动量，相比一个人外出散步，与宠物同行可以获得更多的健康收益。但遛狗也存在一定的危险因素：一方面，若宠物狗体型或力量较大，遛狗时容易导致老年人跌倒受伤。另一方面，宠物狗也容易给其他居民（特别是小孩）造成伤害。因此，目前各个城市也在不断加强城市犬类饲养管理。

4.3.2.4 社会活动的户外空间环境需求

社会活动内容丰富，其中买菜、与家人朋友聊天、逛街（逛公园）、带小孩是参与程度较高的活动类型。因为买菜是老年人（低、中等老化程度老年人）生活中的必要性活动，同时买菜过程中伴随发生一系列的活动（如社会交往、身体锻炼），所以改善农贸市场环境有利于老年人的购物体验进而触发其他活动的开展。老年人与家人朋友聊天可以强化社会支持，但在户外空间环境中往往缺少相应的场地和设施供他们休息交谈。老年人比较喜欢逛街（逛公园），一方面是为了保持与社会的接触，另一方面是出于增强身体健康水平的考虑。城市中的公园绿地往往分布不均，因此部分住宅离公园较远的老年人需要耗费更多时间去最近的公园绿地。可达性较差的公共空间导致老年人使用频率的降低进而影响其健康水平，从而削弱了公共空间的社会公平性。带小孩是老年人生活中的重要内容之一，但从调研情况来看，城市既有社区通常缺少儿童活动空间的设置。儿童是增强小区活力的重要媒介，儿童活动空间与老人活动空间是户外空间的重要组成部分。

4.3.2.5 基于老年人生理和心理特征的户外空间环境需求

在户外空间环境设计中需要更加关注老年人的生理和心理特征。

生理方面：第一，老年人体力和耐力有限，故时常需要走一段路休息一会儿。此时，需为老年人休息提供相应的设施，如公共座椅或加宽的花台边缘。公共座椅的设计应该符合老年人的生理特征，以木质材质为主，增加扶手和靠背。第二，老年人排泄系统的衰退导致其小便次数增加，因此公共厕所是老年人户外活动最关心的设施之一。缺少公共厕所，老年人就不得不减少外出活动的次数或减少在外逗留的时间。第三，老年人皮肤更为脆弱，容易受到强烈阳光的伤害。在户外空间环境中，特别是供老年人休息的场所，应该提高遮阳避雨的设施保护老年人。第四，随着年龄增加，身体不便的老年人也越来越多，部分老年人需要使用轮椅外出活动，户外空间环境的无障碍化对于这类老年人十分重要。同时，无障碍的户外空间环境对其他年龄段的身体残障人群同样意义重大。第五，老年人视力衰退最为明显，在标识设计时应关注老年人视力的变化。如加大标识的字体、增加文字和背景的对比度等。

心理方面：第一，老年人与日俱增的孤独感要求户外空间环境能够满足老年人的社会交往需求。要发生社会交往必然需要为其创造一定的条件，老年人的社会交往可以是街头短暂会面的闲谈，也可以是在某一场所的促膝交谈。因此，重要的是设置多样的活动和休息场地，为各类社会交往创造机会。儿童活动场地往往是社会活动发生的触媒，不仅有利于儿童的成长，也为其监护人（包括老年人）之间的社会交往创造了机会。第二，老年人对不同公共和私密程度的空间需求差异。尽管老年人对社会交往有强烈的需求，但部分老年人由于性格内向往往倾向于安静的户外空间环境。所以，户外空间环境的设置应该是多元化的，满足不同群体的空间需求。

4.3.2.6 其他功能设施等对户外空间环境需求调查

调研发现，既有社区老年人对功能设施的需求最为突出，占58.4%。功能设施中需求最多的是座椅、公共厕所、健身设施；其次，有22.5%的老年人认为应该加强绿化环境建设，特别是小区内杂乱无章的绿化应该由专人打理。小区附近应该增设更多的绿地，满足居民日常健身散步、休闲娱乐的需求。另有14.7%老年人认为最应加强的是环境安全，特别是车流量较大的街道，应该增加红绿灯和过街设施。有4.4%的老年人觉得户外空间环境的层次性不足、空间单调，故应设置多元化的户外空间，满足老年人户外活动的不同需求。

4.4 既有社区户外空间形态与老年人行为研究

既有社区户外空间环境是老年人日常活动的主要场所，户外空间形态将影响老年人的户外活动行为，例如不同的空间形态能够为不同户外活动提供场所支持，同时行为活动的需求也会对户外空间形态产生影响。对不适宜的空间形态可以通过改造、拆除、增建等方式满足居民的使用需求。对既有社区户外空间形态与老年人行为的研究，有利于了解既有社区户外空间形态如何影响到老年人的生活和行为活动，以期为改善既有社区户外空间形态以及促进老年人户外行为活动提供依据。

4.4.1 研究对象和方法

4.4.1.1 研究对象

选取成都市 3 个城市既有社区和调查期间住区内开展户外活动的老年人作为研究对象。3 个城市既有社区分别是金牛区人民北路街道办新村河边街社区的万福苑、成华区双桥子街道办双林社区的五冶宿舍、成华区双水碾街道办东沙路社区的东沙路 50 号小区。

万福苑修建于 2000 年，共有 14 栋 7 层的住宅楼、一处办公楼和一个游泳池，属于成都市较早的商品房。小区共有 662 户家庭，总人口约 1 523 人，其中老年人约为 371 人，占小区总人数的 24.4%。小区北面为白马寺北顺街，临街为商铺。小区东面临成华西街，小区主要出入口设置于此。小区中央是一处海豚雕塑景观，周边设有健身活动场所。每两栋住宅楼之间围合出一处中庭空间。

五冶宿舍修建于 1985 年，为中国五冶集团公司修建的五冶职工家属住宅区，共有 54 栋 6 层的住宅楼。小区配建有老年活动中心、省直机关实验幼儿园，且毗邻新华公园。五冶宿舍共有 972 户家庭，总人口约为 2 235 人，其中老年人约为 585 人，占小区总人数的 26.2%。小区临双华路和双桥路一侧底层均为商铺，东南角为中联上城酒店。五冶宿舍属于半开放式小区，小区内自发形成了菜市场，生活形态丰富，"市井文化"浓郁。

东沙路 50 号小区修建于 1998 年，是早年"农转非"安置小区，共有 13 栋 6 层的住宅楼。小区内通过改建的方式增加了一处一层楼的社区日间照料中心，内设厨房、餐厅、活动室、棋牌室、展示厅、中心办公室、阅览室、康复训练室、健康评估室/心理咨询室、休息室和厕所。东沙路 50 号小区共有 634

户家庭，总人口约为 1 458 人，其中老年人约为 310 人，占小区总人数的 21.3%。小区建筑呈行列式布局，楼栋间为非机动车车库和绿化。小区南侧为东沙街，东侧为北星大道一段和双沙路高架桥，交通繁忙噪声污染严重。

4.4.1.2 研究方法

采用行为注记法。行为注记法是一种不显眼的直接观察方法，用于记录受试者的位置并同时测量他们的活动水平。研究结果有助于研究人员了解建成环境中的行为动态。行为注记法为环境行为研究人员提供了一种用于收集、处理、分析和表示数据的高效方法。本研究利用手绘图形快速标记既有社区中的老年人在户外空间的行为状况，将其行为以点数据形式记录于对应空间之上形成行为地图，并利用 CAD 将原手绘行为符号转换为电子符号进行汇总统计。对于活动人数较少的户外空间采用现场注记的方式记录，人流量较大的户外空间则采用照片拍摄方式记录，随后再进行整理汇总。

本次调研时间为 2018 年 1 月 11—13 日。11 日天气晴，温度 0—12 ℃，有 1 级东北风；12 日天气多云，温度 0—9 ℃，有微风；13 日天气多云，温度 3—10 ℃，有微风。调研时间段为每天的 7:00—20:00。调研人员负责将被调查的社区老年人的户外行为以符号的形式记录于平面图上，并注意保持行为活动与空间位点的一致性，观测区域尽可能涵盖住区内的各类户外空间环境。

4.4.2 结果

4.4.2.1 既有社区户外空间组成

万福苑的户外空间主要由住区入口、主干道、中央雕塑景观、器材健身场地、中庭空间、游泳池以及绿地组成（图4.2）。万福苑主入口为东门，北门为次入口。住区有 2 条垂直的主干道，分别为南北走向和东西走向，T 字相交于中央雕塑景观区，为宽约 7 m 的双向两车道。主干道由于两侧栽植有高大的常绿小叶榕，林下光照强度较弱。中央雕塑景观由海豚雕塑和绿篱组成，围绕中央雕塑景观的道路外侧放置有 20 余张公共座椅。器材健身场地位于中央雕塑景观西南侧，小区办公楼的正南方。器材健身场地布置有乒乓球台以及其他健身设施，外围设置有宣传公告栏。万福苑的户外空间里中庭空间比重最大，共有 7 处中庭空间，中庭空间实际为非机动车停车库，其上覆土栽植有各类植物。住区居民对中庭空间上部利用形式多样，如种菜、晒衣被等。游泳池冬季并未开放，故不讨论。住区其他绿地质量较差，植物景观杂乱无章。需要指出的是，万福苑对机动车停放进行了严格的管理，大部分机动车均停放在住区外

的弗斯达酒店的立体停车库。因此，万福苑住区内机动车对户外空间的影响
较少。

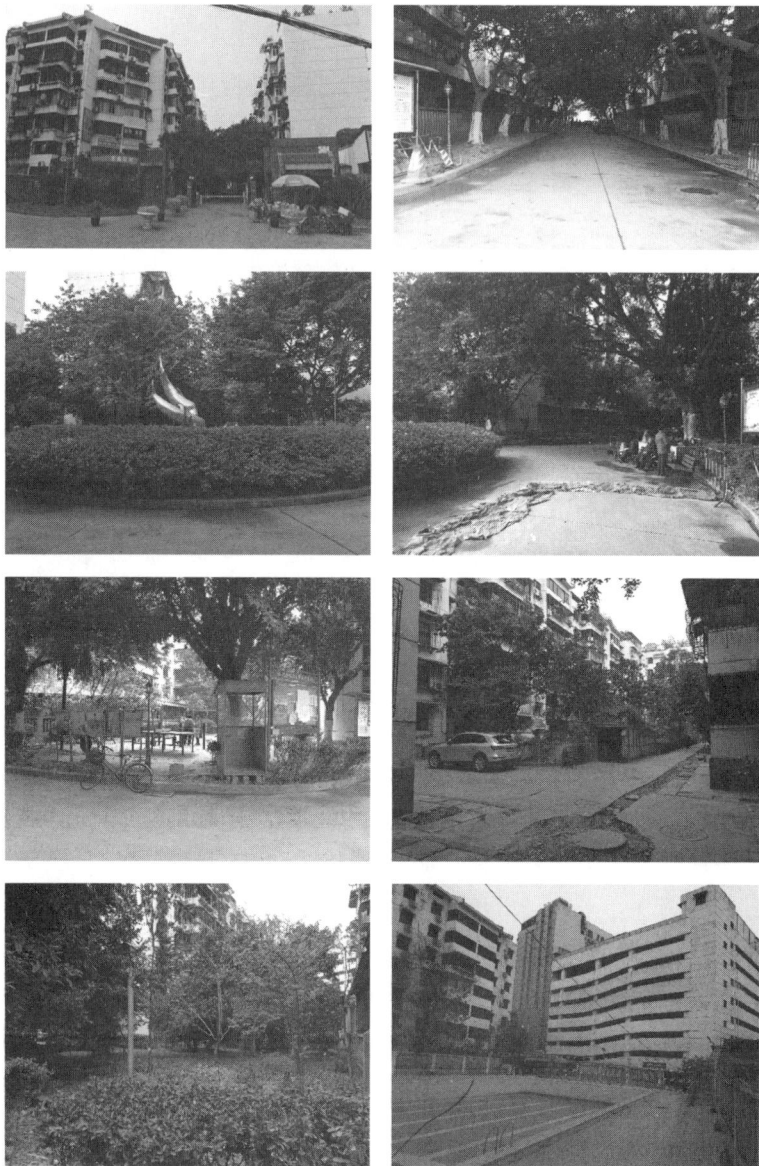

图4.2　万福苑实景

五冶宿舍的户外空间基本上都是由道路空间构成，主干道为宽7 m的双向
两车道，次干道为宽3 m的单车道（图4.3）。东1门是进出五冶宿舍的主要通

道，但与东 1 门相接的东西走向主干道上自发形成了农贸市场，导致该路段实际净宽度不足 3 m，是五冶宿舍区最热闹和最拥挤的区域。除此之外，道路交叉口空间和宅前空间也是住区居民使用较频繁的活动区域。五冶宿舍仅 3 处较集中的绿地，一处位于南门入口西侧，另外两处是位于东南角的中庭空间。

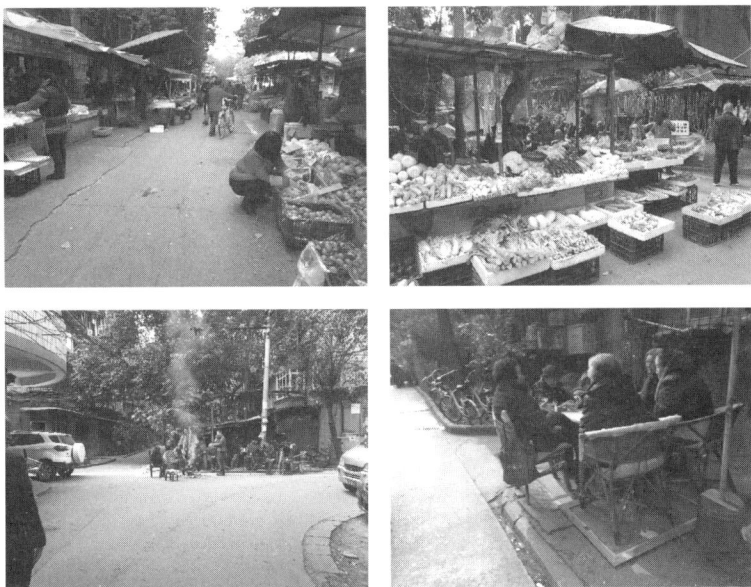

图 4.3　五冶宿舍实景

　　东沙路 50 号小区的户外空间包括住区入口、主干道、中央活动广场、中庭花园、日间照料中心（图 4.4）。东沙路 50 号小区共有两个出入口，均位于住区南侧。南大门与主干道相接，一直通往 13 栋住宅楼和日间照料中心。南大门东侧为消防通道，但被用作临时茶馆。主干道规划了单侧路边停车位，实际上仍有大量私家车乱停乱放，住区内停车问题严峻。中心广场位于 3 栋与 8 栋住宅楼之间，占地面积约为 750 m²。由于中心广场被用作停车场，且缺乏活动配套的设施、广场铺装损毁严重，所以几近荒废。住宅楼间有 3 处非机动车停车库，采取的是半地下式，其上做景观化处理，修建有花架、种植池等，但缺少公共座椅等休憩设施。住区内成立了成华区东沙路社区日间照料中心，满足本小区和周边小区老年人的养老服务需求。东沙路 50 号小区的绿地空间整体景观效果不佳，缺少必要的修剪和管理，并存在私人占用公共空间的情况。

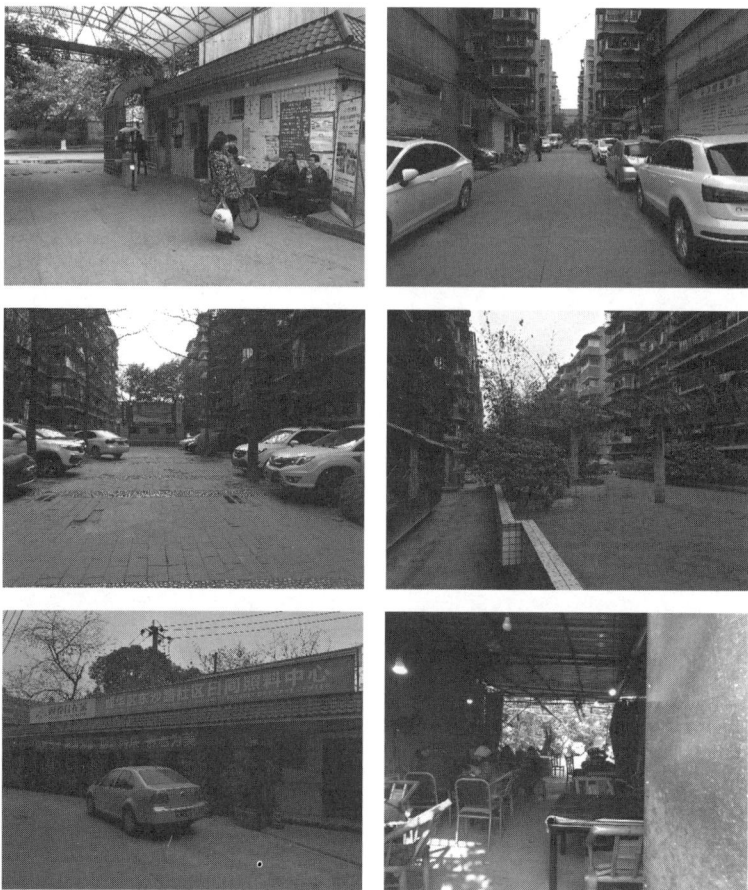

图 4.4　东沙路 50 号小区实景

4.4.2.2　既有社区户外空间形态类型梳理

本书对既有社区户外空间形态类型的分类借鉴了 R·克里尔对空间平面、剖面和界面的分类方法，通过空间提取、形态抽象、类型还原等类型学分析方法，将既有社区户外空间中的复杂空间提取出来，然后进行一定的抽象还原，最终归纳出既有社区户外空间的形态类型。

（1）万福苑

①空间平面类型

通过对万福苑户外空间平面形态的梳理，可总结出 5 种空间类型：其一为主干道构成的线形平面，可将其抽象为行列型，围合形式如"＝"形，该类型空间两端可以是开敞或封闭，线形平面具有极强的方向性；其二为主干道与组团出入口相交的空间，可将其抽象为转角型，围合形式如"L"形，"L"长边为主干道，短边为组团出入口道路，从组团至主干道越靠近"L"形空间拐点处空间越开阔；其三为组团中庭空间构成的矩形平面，中庭空间由宅前路和中央台式绿地两部分构成，可将其抽象为回型，围合形式如"口"形，中庭空间因四面围合，形成了较封闭的私密空间，空间领域感强烈；其四为住区入口和器材健身场地形成的矩形平面，该类型空间由于三面围合，故可将其抽象为凹槽型，围合形式如"U"形，该类型空间的私密性和空间领域感弱于回型空间，但要强于行列型和转角型；其五为两条主干道相交形成的中央雕塑景观空间，该空间平面形态为圆形，作为小区内重要的景观节点和交通节点，人流量大、空间开敞，可将其抽象为圆形，围合形式如"O"形。

②空间剖面类型

按照空间剖面 D/H 值可将万福苑的空间剖面类型划分为 3 大类：直角梯形、横向长方形、纵向长方形。第九栋住宅楼（H = 21 m）与住区办公室（H = 6 m）围合的器材健身场地，靠住宅楼一侧 D/H = 0.7，空间限定性较强，而靠办公楼一侧 D/H = 2.5，空间感受较开敞，剖面形态为直角梯形；住区主干道与两侧住宅楼形成的空间剖面为纵向长方形，主干道及两侧绿地总宽度约为 12 m，D/H = 0.6，给人较狭窄的空间感受，空间限定性强且指向性明显；住宅组团围合出的中庭空间短边宽约 15 m，长边约 50 m，四周均由高 21 m 的住宅楼围合，D/H 分别为 0.7、2.4，形成较强的空间围合，此类组团空间私密性较高；中央雕塑景观区的平面形态为直径 40 m 的圆形，东西南北四角均由建筑围合，除西南角的办公楼高仅 6 m 以外，其余均为 21 m 高的住宅楼，此空间是住区内最开阔的区域，D/H = 1.9。

③空间界面类型

对万福苑空间界面类型的调研发现，住区内主要有 4 类空间界面，分别是开敞型、半开敞型、连续型、半连续型。开敞型界面主要指中央雕塑景观区四周由行道树和住宅楼共同构成的空间界面，由于该区域 D/H 接近 2，视野开阔；具有半开敞型空间界面的场所有器材健身场地、主干道与组团交叉口和住区入口空间，该类型空间界面的特点是由两个或三个界面围合，有一定的空间限定，但仍有一侧或两侧视线较为开阔；由住宅楼正面构成的主干道空间界面属于连续型界面，具有较强的空间限定性和强烈的指向性；住宅楼侧面山墙构成的主干道空间界面为半连续型界面，尽管山墙之间存在一定的间距，但居民仍然能感受到一定的空间限定和指向性。另外，住区内的行道树选用的是常绿乔木小叶榕，株高近 9 m，由于长势良好，主干道两侧小叶榕树冠已将主干道上部空间全部覆盖，形成了柔性的顶部空间界面，该界面对夏季酷暑带来的不适感起到很好的缓解作用，但同时也造成居住在低楼层的居民住宅采光不足，主干道光照不足的情况。

笔者从万福苑户外空间形态中提取出 5 种平面类型、3 种剖面类型和 4 种界面类型，并建立了户外空间和空间形态之间的对应关系，详见表 4 – 12。

表 4 – 12 户外空间与空间形态分类

空间编号	户外空间分类	空间形态		
		平面类型	剖面类型	界面类型
①	住区入口	凹槽型	纵向长方形	半开敞型
②	主干道	行列型	纵向长方形	连续型、半连续型
③	中央雕塑景观区	圆形	横向长方形	开敞型
④	器材健身场地	凹槽型	直角梯形	半开敞型
⑤	主干道与组团交叉口	转角型	纵向长方形	半开敞型
⑥	中庭空间	回型	纵向长方形、横向长方形	连续型

（2）五冶宿舍

①空间平面类型

五冶宿舍的户外空间平面形态类型主要有 5 种：其一为主干道构成的线形平面，可将其抽象为行列型，围合形式如"＝"形，该类型空间两端可以是开敞或封闭，线形平面的指向性极强，且有较好的空间限定感；其二为道路相交的十字形空间，可将其抽象为十字型，围合形式如"＋"形，在十字型空间的四个脚点处可以获得较好的视线，空间感受较开敞；其三为道路相交的 T 字形空间，可将其抽象为 T 字型，围合形式如"T"形，T 字型相对于十字型空间开敞度较弱，但由于道路空间无过多障碍物，视线仍然较通畅；其四为住区入口和主干道尽端空间形成的矩形平面，该类型空间受到三面围合，故可将其抽象为凹槽型，围合形式如"U"形；其五是南门的集中绿地和中庭空间形成的矩形平面，可将其抽象为回型，围合形式如"口"形，五冶宿舍的中庭绿地是不可进入的，更强调观赏和生态作用。

②空间剖面类型

按照空间剖面 D/H 值可将五冶宿舍的空间剖面类型划分为 3 种：近正方形、纵向长方形、横向长方形。住宅楼为 6 层约 18 m，住宅楼正面间距为

14 m,D/H＝0.8，形成的空间剖面近正方形，既有一定的空间限定，同时又不至于产生压迫感；纵向长方形的空间剖面主要由道路和两侧住宅楼山墙构成，D/H＝0.4，此类空间狭窄，空间限定极强；住宅组团围合出的中庭空间宽约36 m，四周均由高18 m 的住宅楼围合，D/H＝2，空间剖面类型为横向长方形，住宅楼对中庭空间有良好的空间围合，此类组团空间私密性较高，但整体空间感受较宽阔。

③空间界面类型

五冶宿舍的空间界面类型可以划分为 4 种，分别是开敞型、半开敞型、连续型、半连续型。具有开敞型界面的场所为靠近南门一侧的集中绿地，该区域D/H＝2，视野开阔，是住区内唯一的集中式公共绿地；具有半开敞型空间界面的场所为住区入口空间和主干道尽头空间，该类型空间界面的特点是由两个或三个界面围合，有一定的空间限定，但仍有一侧或两侧视线较为开阔；由住宅楼正面构成的主干道空间界面属于连续型界面，具有较强的空间限定性和强烈的指向性；住宅楼侧面山墙构成的主干道空间界面为半连续型界面，尽管山墙之间存在一定的间距，但居民仍然能感受到一定的空间限定和指向性。

笔者从五冶宿舍户外空间形态中提取出 5 种平面类型、3 种剖面类型和 4 种界面类型，并建立了户外空间和空间形态之间的对应关系，详见表4 – 13。

表4 – 13　户外空间与空间形态分类

空间编号	户外空间分类	空间形态		
		平面类型	剖面类型	界面类型
①	住区入口	凹槽型	纵向长方形	半开敞型
②	主干道	行列型	纵向长方形	连续型、半连续型
③	宅前路	行列型	近正方形	连续型
④	道路交叉口1	十字型	纵向长方形	半开敞型
⑤	道路交叉口2	T字型	纵向长方形	半开敞型
⑥	主干道尽端	凹槽型	纵向长方形	半开敞型
⑦	集中绿地	回型	横向长方形	开敞型
⑧	中庭空间	回型	横向长方形	连续型

（3）东沙路 50 号小区

①空间平面类型

通过对东沙路 50 号小区户外空间平面形态的梳理，可总结出 5 种空间类型：其一为主干道构成的线形平面，可将其抽象为行列型，围合形式如 "＝" 形，该类型空间两端可以是开敞或封闭，线形平面具有极强的方向性；其二为主干道与宅前路相交的空间，可将其抽象为转角型，围合形式如 "L" 形，越靠近转角型空间拐点处空间越开阔；其三为平行住宅楼之间形成的矩形中庭空间，中庭空间第一类是由宅前路和中央台式绿地两部分构成，可将其抽象为回型，第二类是有宅前路和宅旁绿地构成，可将其抽象为行列型，两者围合形式均如 "＝" 形，中庭空间尽管只有两面围合，但仍然给人较强的空间领域感；其四为住区入口、主干道尽端空间以及中央活动广场形成的矩形平面，该类型空间由于三面围合，可将其抽象为凹槽型，围合形式如 "U" 形，该类型空间的私密性和空间领域感强于行列型和转角型。其五为日间照料中心形成的三角形户外空间，可将其抽象为三角形，该空间是日间照料中心的专属空间，并用围栏隔离与住区其他空间加以区分，围合形式如 "口" 形。

②空间剖面类型

按照空间剖面 D/H 值可将东沙路 50 号小区的空间剖面类型划分为 3 大类：直角梯形、近正方形、纵向长方形。日间照料中心（H = 3 m）和住宅楼（H = 18 m）之间形成了直角梯形空间剖面，靠住宅楼一侧 D/H = 1，空间感较舒适，而靠日间照料中心一侧 D/H = 6，视野开阔，空间较开敞；住宅楼为 6 层约 18 m，住宅楼正面间距为 14 m，D/H = 0.8，形成的空间剖面近正方形，既有一定的空间限定，同时又不至于产生压迫感；住区主干道与两侧住宅楼山墙形成的空间剖面为纵向长方形，住宅楼山墙间距约为 7 m，D/H = 0.4，给人较狭长的空间感受，空间限定性强且指向性明显。

③空间界面类型

对东沙路 50 号小区空间界面类型的调研发现，住区内主要有 3 类空间界面，分别是半开敞型、连续型、半连续型。具有半开敞型空间界面的场所包括日间照料中心户外空间、中央活动广场和住区入口空间，该类型空间界面的特点是由两个或三个界面围合，有一定的空间限定，但仍有一侧或两侧视线较为开阔；由住宅楼正面构成的宅前路空间界面属于连续型界面，具有较强的空间限定性和强烈的指向性；住宅楼侧面山墙构成的主干道空间界面为半连续型界面，具有一定的空间限定和指向性。

笔者从东沙路50号小区户外空间形态中提取出5种平面类型、3种剖面类型和3种界面类型，并建立了户外空间和空间形态之间的对应关系，详见表4-14。

表4-14　户外空间与空间形态分类

空间编号	户外空间分类	空间形态		
		平面类型	剖面类型	界面类型
①	住区入口	凹槽型	纵向长方形	半开敞型
②	主干道	行列型	纵向长方形	半连续型
③	宅前路1	回型	近正方形	连续型
④	宅前路2	行列型	近正方形	连续型
⑤	主干道与宅前路交叉口	转角型	纵向长方形	半开敞型
⑥	主干道尽端	凹槽型	纵向长方形	半开敞型
⑦	中央活动广场	凹槽型	近正方形	半开敞型
⑧	日间照料中心	三角形	直角梯形	半开敞型

4.4.2.3　既有社区户外空间中的行为分布

（1）万福苑

万福苑户外空间形态如"树枝状"，各类空间沿主干道依次展开。万福苑老年人的户外行为地图如图4.5所示，经归纳整理将住区内老年人的活动类型分为4大类：健身类、娱乐类、养身类、社会类。各活动类型的主要活动内容如下：健身类包括散步和器材健身；娱乐类主要有打棋牌麻将；养身类有遛狗和种花养草/种菜；社会类包括坐着聊天和晒太阳。

将万福苑老年人户外行为与户外空间相对应，可以明确不同类型户外行为与空间类型之间的关系。如表4-15所示，空间⑥（中庭空间）的使用率最高（53.9%），其余空间使用率依次为空间③（中央雕塑景观区）＞空间④（器械健身场地）＞空间②（主干道）＞空间①（住区入口）＞空间⑤（主干道与组团交叉口）。空间⑥中除健身类活动比例（8.3%）稍低于空间④（9.5%），娱乐类（11.4%）、养身类（5.2%）、社会类（29.0%）活动发生频率均高于其他空间。空间③在住区内使用率（30.3%）仅低于空间⑥，主要的活动类型为社会类（28.2%）和健身类（2.2%）。空间④是住区内唯一的运动场地，场地内布置有乒乓球台、各类健身器材，空间④的使用率为9.6%。空间②、空间①和空间⑤使用率均较低，分别为4.1%、1.4%、0.7%。如前所述，主干道空间由于栽植了高大的常绿小叶榕，空间光照严重不足，导致该空间使用率较低。

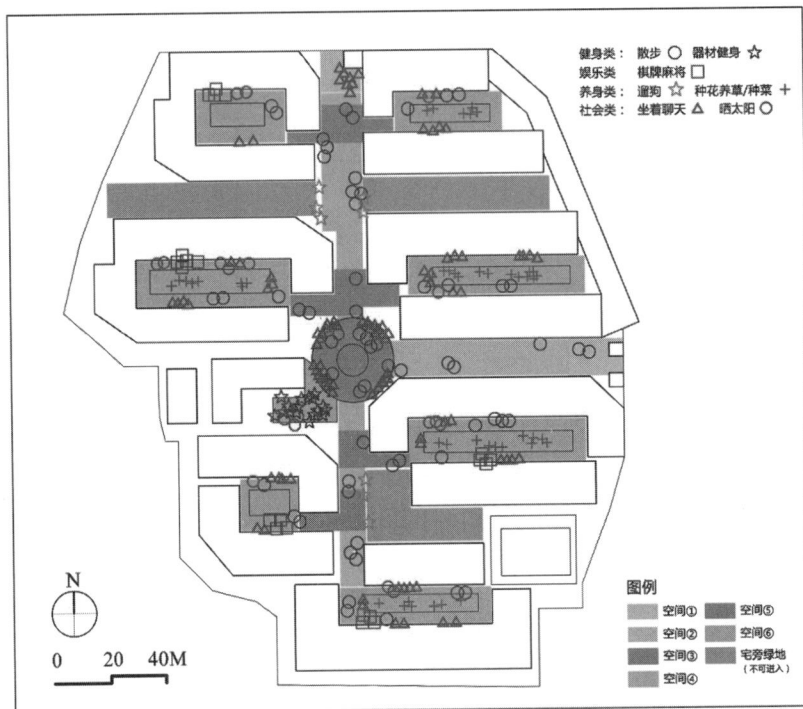

备注：空间①为住区入口、空间②为主干道、空间③为中央雕塑景观区、空间④为器械健身场地、空间⑤为主干道与组团交叉口、空间⑥为中庭空间。

图 4.5 万福苑老年人行为地图

表 4-15 万福苑老年人行为空间分布表

	健身类/%	娱乐类/%	养身类/%	社会类/%	行为总量/%
空间①	0.3	0.0	0.0	1.1	1.4
空间②	3.5	0.0	0.6	0.0	4.1
空间③	2.2	0.0	0.0	28.1	30.3
空间④	9.5	0.0	0.0	0.1	9.6
空间⑤	0.5	0.0	0.0	0.2	0.7
空间⑥	8.3	11.4	5.2	29.0	53.9
合计	24.3	11.4	5.8	58.5	100.0

（2）五冶宿舍

五冶宿舍户外空间形态呈"网格状"，主干道构成了户外空间的基本骨架，行列式布局的建筑分布在主干道两侧。五冶宿舍老年人的户外行为地图如图4.6所示，经归纳整理将住区内老年人的活动类型分为4大类：健身类、娱乐类、养身类、社会类。各活动类型的主要活动内容如下：健身类包括散步和器材健身；娱乐类有打棋牌麻将；养身类为遛狗；社会类包括坐着聊天、买菜和晒太阳。

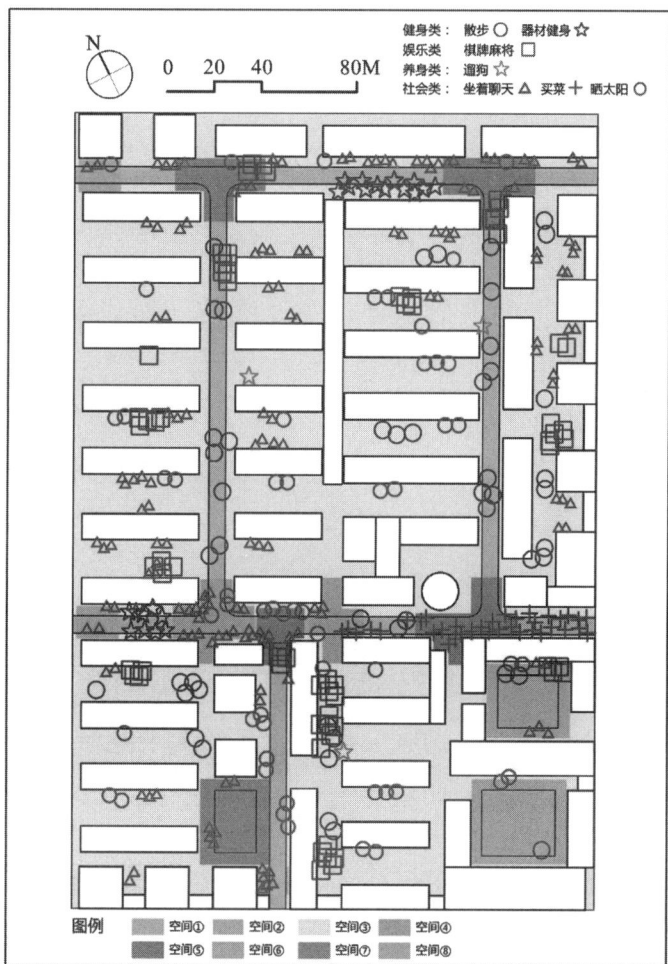

备注：空间①为住区入口、空间②为主干道、空间③为宅前路、空间④为十字型道路交叉口、空间⑤为T字型道路交叉口、空间⑥为主干道尽端、空间⑦为集中绿地、空间⑧为中庭空间。

图4.6 五冶宿舍老年人行为地图

将五冶宿舍老年人户外行为与户外空间相对应，梳理出老年人户外行为与空间类型之间的关系。如表4-16所示，空间③（宅前路）的使用率最高（33.7%），这可能与宅前路在户外空间中比重最大，且与老年人住所距离最近有关。第二是空间②（主干道）使用率26.4%，与东1门相连的东西走向主干道使用率是整个住区内最高的区域，若加上空间④（十字型道路交叉口）（11.2%）、空间⑤（T字型道路交叉口）（23.2%）以及空间⑥（主干道尽端）（0.7%），五冶宿舍住区内主干道系统的合计使用率高达61.5%。空间①（住区入口）的使用率为2.6%，略高于空间⑧（中庭空间）的1.4%和空间⑦（集中绿地）0.8%的。空间⑦是五冶宿舍唯一的集中绿地，但由于私家车随意占用且自身景观质量不佳，导致该空间使用率并不高。

表4-16 五冶宿舍老年人行为空间分布表

	健身类/%	娱乐类/%	养身类/%	社会类/%	行为总量/%
空间①	0.0	0.0	0.0	2.6	2.6
空间②	14.2	0.5	0.1	11.6	26.4
空间③	6.3	11.5	0.3	15.6	33.7
空间④	0.0	0.0	0.0	11.2	11.2
空间⑤	0.0	4.3	0.0	18.9	23.2
空间⑥	0.0	0.0	0.0	0.7	0.7
空间⑦	0.0	0.0	0.0	0.8	0.8
空间⑧	0.2	0.1	0.0	1.1	1.4
合计	20.7	16.4	0.4	62.5	100.0

（3）东沙路50号小区

东沙路50号小区户外空间形态如"鱼骨状"，建筑呈行列式布局。东沙路50号小区老年人的户外行为地图如图4.7所示，住区内老年人的活动类型主要有4大类：健身类、娱乐类、养身类、社会类。各活动类型的主要活动内容如下：健身类包括散步和器材健身；娱乐类主要有打棋牌麻将；养身类有遛狗和种花养草/种菜；社会类包括坐着聊天和晒太阳。

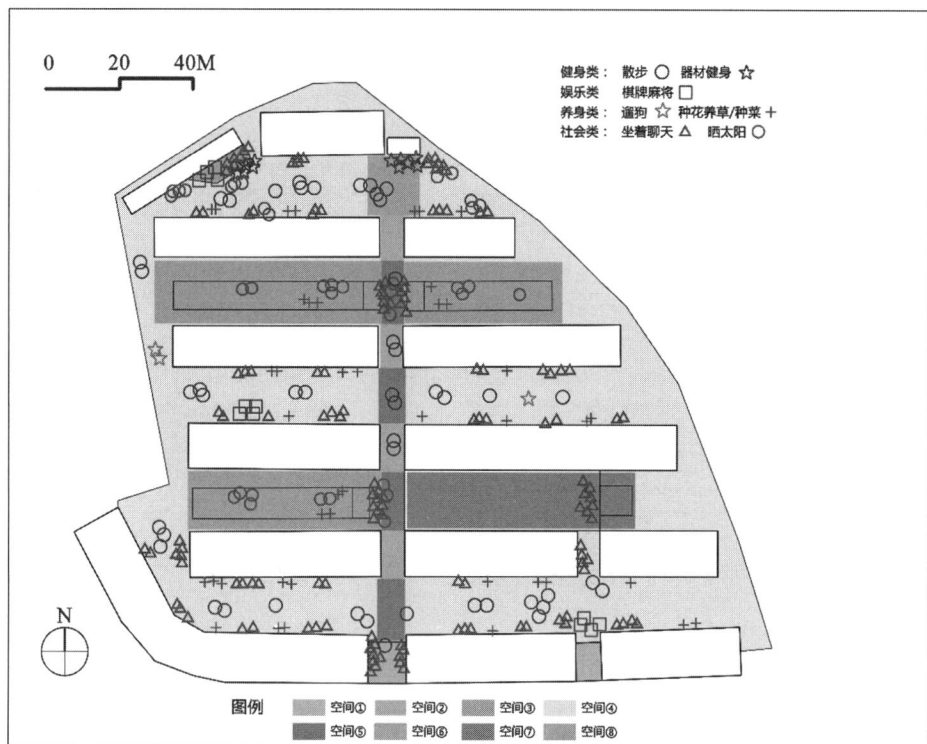

备注：空间①为住区入口、空间②为主干道、空间③为宅前路1、空间④为宅前路2、空间⑤为主干道与宅前路交叉口、空间⑥为主干道尽端、空间⑦为中央活动广场、空间⑧为日间照料中心。

图4.7　东沙路50号小区老年人行为地图

　　东沙路50号小区老年人户外行为与空间类型之间的关系如表4－17所示：使用率排在第一位的是空间③（宅前路1，即有非机动车停车库的中庭空间）（30.7%），在空间③中社会类活动比重最大，如坐着聊天、晒太阳。空间①（住区入口）的使用率为16.8%，位列第二。由于住区内缺少公共活动空间，且空间①人流量大，老年人比较青睐在这样的空间里闲坐聊天，观察来往的人员。其他空间使用率大小关系如下：空间④（宅前路2）＞空间⑧（日间照料中心）＞空间⑤（主干道与宅前路交叉口）＞空间⑦（中央活动广场）＞空间⑥（主干道尽端）＞空间②（主干道），上述空间的使用率分别为15.2%、12.7%、12.4%、10.3%、1.4%、0.5%。空间②使用率最低，主干道上规划了单侧停车位，但由于车位紧缺，仍然有大量私家车违章乱停，使得主干道活动空间非常有限。

表 4 - 17　东沙路 50 号小区老年人行为空间分布表

	健身类/%	娱乐类/%	养身类/%	社会类/%	行为总量/%
空间①	0.1	3.6	0.0	13.1	16.8
空间②	0.5	0.0	0.0	0.0	0.5
空间③	0.0	1.1	3.2	26.4	30.7
空间④	8.6	0.0	6.6	0.0	15.2
空间⑤	0.9	0.0	0.0	11.5	12.4
空间⑥	1.4	0.0	0.0	0.0	1.4
空间⑦	0.0	0.0	0.0	10.3	10.3
空间⑧	1.1	2.7	0.0	8.9	12.7
合计	12.6	7.4	9.8	70.2	100.0

4.4.3　讨论

基于既有社区户外空间组成、空间形态类型以及户外空间中的行为分布，可以进一步分析总结出不同空间形态类型与老年人户外行为分布的关联性。

4.4.3.1　平面类型与老年人户外行为关系

万福苑的户外空间平面类型有 5 类（表 4 - 18）：凹槽型、行列型、圆形、转角型、回型。将上述 5 类平面类型与 4 类活动类型相结合，结果显示：回型平面空间的使用频率达 53.9%，为 5 类平面类型中最高。回型平面空间主要指组团围合的中庭空间，该类空间在万福苑中数量最多、面积最大，且离老年人住所最近，所以老年人在此空间内进行户外活动的可能性最大。使用频率排在第二位的是圆形平面空间（30.3%），圆形平面空间对应于中央雕塑景观区，是两条主干道的交汇点，人流交换频繁，同时也是住区内最开敞的区域，在此空间活动以社会类为主，如坐着聊天、晒太阳等。凹槽型平面空间的使用率（11%）位列第三，住区内有两处凹槽型空间，住区入口和器械健身场地。行列型和转角型平面空间在万福苑中使用率不高，原因可能是调研时间为冬季，老年人喜欢在户外阳光充足的场地活动，而主干道上的常绿小叶榕导致主干道光照不足空间阴暗，同时缺少公共座椅等设施，难以吸引老年人在此空间中活动。

表4-18　万福苑平面类型与老年人户外行为

平面类型	健身类/%	娱乐类/%	养身类/%	社会类/%	行为总量/%
凹槽型	9.8	0.0	0.0	1.2	11.0
行列型	3.5	0.0	0.6	0.0	4.1
圆形	2.2	0.0	0.0	28.1	30.3
转角型	0.5	0.0	0.0	0.2	0.7
回型	8.3	11.4	5.2	29.0	53.9

　　五冶宿舍的户外空间平面类型有5类（表4-19）：凹槽型、行列型、十字型、T字形、回型。将上述5类平面类型与4类活动类型相结合，结果显示：行列型平面空间使用频率最高，为60.1%。行列型平面空间包括主干道和宅前路空间，由于五冶宿舍为"网格状"布局形式，两种空间占比最大，同时因住区内缺少面积较大的公共活动空间，所以住区内大部分活动都沿主干道和宅前路空间展开。T字形和十字型平面空间均为道路交叉口空间，T字形相较于十字型使用频率更高，可能是因为住区内主干道以T字相交的形式更多，而十字型空间视线开阔更易聚集人流。凹槽型和回型平面空间使用频率较低，一方面凹槽型空间仅两处，另一方面回型空间偏向半私密性，非本栋居民一般很少介入使用。集中式绿地尽管是住区内唯一的面积较大公共绿地，但由于私家车违章停车占用和景观缺少维护导致极少数人使用该空间。

表4-19　五冶宿舍平面类型与老年人户外行为

平面类型	健身类/%	娱乐类/%	养身类/%	社会类/%	行为总量/%
凹槽型	0.0	0.0	0.0	3.3	3.3
行列型	20.5	12	0.4	27.2	60.1
十字型	0.0	0.0	0.0	11.2	11.2
T字型	0.0	4.3	0.0	18.9	23.2
回型	0.2	0.1	0.0	1.9	2.2

　　东沙路50号小区的户外空间平面类型有5类（表4-20）：凹槽型、行列型、回型、转角型、三角形。将上述5类平面类型与4类活动类型相结合，结

果显示：回型和凹槽型平面空间使用频率较高，分别为 30.7%、28.5%。行列型、三角形和转角型平面空间使用频率较接近，分别为 15.7%、12.7%、12.4%。回型平面空间指含非机动车停车库的中庭空间，尽管该空间使用频率最高，但主要集中在车库入口处，车库上方的台式中庭景观的使用情况不佳，主要原因是缺少活动设施和公共座椅。部分老年人在车库上方种植蔬菜和其他园艺活动。住区内的凹槽型平面空间有三处，住区入口、主干道尽端、中央活动广场。在笔者对成都市多个既有社区的调研过程中发现，住区入口是老年人青睐的活动空间，一方面，住区入口往往提供了公共座椅供老年人休息、闲坐、聊天，另一方面，住区入口人流量大、碰到熟人的机会多、非正式接触的机会大大增加，且观看其他人活动是老年人比较喜欢的活动之一。尽管东沙路50 号小区建筑布局和五冶宿舍比较相似，均呈行列式布局，但东沙路50 号小区的行列型平面空间使用频率并不高，原因在于住区内采取的是路面停车，且在机动车车位严重不足的状况下，还提供对外收费停车服务，极大增加了住区内停车压力，进而导致住区内户外活动空间严重不足。

表 4-20　东沙路 50 号小区平面类型与老年人户外行为

平面类型	健身类/%	娱乐类/%	养身类/%	社会类/%	行为总量/%
凹槽型	1.5	3.6	0.0	23.4	28.5
行列型	9.1	0.0	6.6	0.0	15.7
回型	0.0	1.1	3.2	26.4	30.7
转角型	0.9	0.0	0.0	11.5	12.4
三角形	1.1	2.7	0.0	8.9	12.7

4.4.3.2　剖面类型与老年人户外行为

万福苑户外空间的剖面类型有 3 类（表 4-21）：纵向长方形、横向长方形、直角梯形。横向长方形的剖面空间使用频率最高，为 84.2%。其次为直角梯形（9.6%）和纵向长方形（6.2%）。横向长方形包括中央雕塑景观区和中庭空间，中庭空间呈长方形，尽管其短边的 D/H = 0.7，但长边的 D/H = 2.4，从组团入口进入中庭空间，首先感受到的是长边方向带来的空间感受，整体上的空间感是开敞和深远的。横向长方形的剖面空间中 4 个类型的活动频率均要高于其他两个剖面类型。

表 4 - 21　万福苑剖面类型与老年人户外行为

剖面类型	健身类/%	娱乐类/%	养身类/%	社会类/%	行为总量/%
纵向长方形	4.3	0.0	0.6	1.3	6.2
横向长方形	10.5	11.4	5.2	57.1	84.2
直角梯形	9.5	0.0	0.0	0.1	9.6

　　五冶宿舍户外空间的剖面类型有 3 类（表 4 - 22）：纵向长方形、横向长方形、近正方形。其中纵向长方形的剖面空间使用频率最高（64.1%），是排在第二位的近正方形空间（33.7%）的近 2 倍。五冶宿舍中的纵向长方形的剖面空间主要指由道路和两侧住宅楼构成狭长空间，社会类活动在此空间发生频率最高，其次为健身类活动。五冶宿舍的主干道上自发形成了菜市场，极大地丰富了该空间的活动类型，使得原本较狭窄的空间活力大大增强，也是住区内一系列活动发生的重要触媒。横向长方形的剖面空间使用频率最低（2.2%），一方面是由中庭空间性质决定的，另一方面是因为缺乏管理和维护的集中绿地并不能吸引老年人前去使用。

表 4 - 22　五冶宿舍剖面类型与老年人户外行为

剖面类型	健身类/%	娱乐类/%	养身类/%	社会类/%	行为总量/%
纵向长方形	14.2	4.8	0.1	45	64.1
近正方形	6.3	11.5	0.3	15.6	33.7
横向长方形	0.2	0.1	0.0	1.9	2.2

　　东沙路 50 号小区户外空间的剖面类型有 3 类（表 4 - 23）：纵向长方形、近正方形和直角梯形。近正方形的剖面空间中发生的户外活动量接近行为总量的 3/5，约为 56.2%。东沙路 50 号小区大部分的户外活动都发生在宅前路空间。尽管宅前路空间的户外环境条件并不优越，如常绿乔木导致的底部光线较差、缺少活动空间、设施和公共座椅、树木病虫害严重等问题，但对于别无选择的户外空间环境，大部分老年人还是愿意选择离住所最近的宅前路空间进行活动。

表 4 - 23　东沙路 50 号小区剖面类型与老年人户外行为

剖面类型	健身类/%	娱乐类/%	养身类/%	社会类/%	行为总量/%
纵向长方形	2.9	3.6	0.0	24.6	31.1
近正方形	8.6	1.1	9.8	36.7	56.2
直角梯形	1.1	2.7	0.0	8.9	12.7

4.4.3.3 界面类型与老年人户外行为

万福苑户外空间的界面类型有4类（表4-24）：半开敞型、半连续型、开敞型、连续型。连续型界面空间的使用频率最高，达53.9%。开敞型界面空间次之，为30.3%。连续型界面空间主要为中庭空间，如前所述，其比重在万福苑户外空间中最大，各类型活动在此空间中均有发生。开敞型界面空间为中央雕塑景观区，开敞的视线以及来往的人流是吸引老年人在此活动的重要原因，同时，该空间为居民提供了公共座椅，使得短暂停留或长时间逗留成为可能。老年人在户外空间环境中停留的时间越长，产生不同活动的机会就越高。半开敞型界面空间主要的活动类型为健身，场地包括器材健身场地和住区入口。半连续空间界面使用频率最低，原因是道路空间狭窄，且常绿树使得空间昏暗，不利于各类行为活动的产生。

表4-24 万福苑界面类型与老年人户外行为

界面类型	健身类/%	娱乐类/%	养身类/%	社会类/%	行为总量/%
半开敞型	10.3	0.0	0.0	1.4	11.7
半连续型	3.5	0.0	0.6	0.0	4.1
开敞型	2.2	0.0	0.0	28.1	30.3
连续型	8.3	11.4	5.2	29.0	53.9

五冶宿舍户外空间的界面类型有4类（表4-25）：半开敞型、半连续型、连续型、开敞型。除开敞型空间使用频率（0.8%）较低以外（与集中绿地景观质量不佳、机动车停车占用以及中庭空间使用性质有关），其余3类界面空间的行为活动总量比较接近。半开敞型界面空间使用频率为37.7%，社会类活动（坐着聊天、晒太阳、买菜等）是主要活动类型。

表4-25 五冶宿舍界面类型与老年人户外行为

界面类型	健身类/%	娱乐类/%	养身类/%	社会类/%	行为总量/%
半开敞型	0.0	4.3	0.0	33.4	37.7
半连续型	14.2	0.5	0.1	11.6	26.4
连续型	6.5	11.6	0.3	16.7	35.1
开敞型	0.0	0.0	0.0	0.8	0.8

东沙路 50 号小区户外空间的界面类型有 3 类（表 4 – 26）：半开敞型、半连续型、连续型。半连续型界面空间使用状况最差，仅为 0.5%，多数居民仅是进出住所途经此地，大量的路边停车严重影响到老年人的户外活动。半开敞型界面空间使用频率最高，为 53.6%，包括了日间照料中心户外空间、中央活动广场、中庭空间和住区入口空间。连续型界面空间是以宅前路空间为主的空间类型，由于住区内居民缺少户外活动空间场所，所以，宅前路空间使用频率较高，为 45.9%。

表 4 – 26 东沙路 50 号小区界面类型与老年人户外行为

界面类型	健身类/%	娱乐类/%	养身类/%	社会类/%	行为总量/%
半开敞型	3.5	6.3	0.0	43.8	53.6
半连续型	0.5	0.0	0.0	0.0	0.5
连续型	8.6	1.1	9.8	26.4	45.9

4.4.4 既有社区户外空间优化策略

4.4.4.1 梳理户外空间类型，挖掘存量空间潜力

不同既有社区空间布局迥异导致户外空间类型差异较大，即使户外空间类型相近的两个既有社区，各既有社区户外活动情况仍有较大不同。因此，在针对既有社区户外空间优化时，并没有统一的更新"模板"可以套用，需要针对各个既有社区的具体情况"量体裁衣"。

以万福苑为例。万福苑的空间结构以组团式布局为主，老年人的户外活动多围绕半公共性质的中庭空间展开。但作为非机动车停车库的中庭空间可利用空间并不多，主要原因在于中庭景观过于重视形式而轻视了功能性，中庭景观更多是一种摆设。目前中庭空间的主要活动有坐着聊天、种花养草/种菜、晾晒衣物等，可参与性的活动较为欠缺，且缺少了必要的设施作为支撑，如为儿童活动提供场所和设施、增加公共座椅的设置等。

万福苑主干道相交形成的中央雕塑景观区是住区内唯一开敞的公共空间，活动量在住区内较高，其附近的器械健身场地也是居民喜爱的场所。相反，主干道空间中的活动类型则非常少，原因在于植物选择不当、缺少活动场地和公共设施。尽管人们从狭长的主干道到达中央雕塑景观区会有豁然开朗之感，阴暗的主干道空间与中央雕塑景观区也会形成强烈的明暗对比关系，但是过于阴暗潮湿的环境不利于人们的健康，同时给低层居民生活带来诸多不利影响。

因此，对万福苑的户外空间优化策略应以挖掘存量空间潜力为主。其一，应重视中庭空间在整个户外空间环境中的作用，着力提升其参与性，可以通过功能植入或空间更新途径实现。台式绿地的常见问题是高差带来的不便性，因此，应增设坡道或消除高差提升居民使用该空间的便利性。非机动车停车库占地面积大、使用效率不高，有条件的既有社区可以将平面停车场改成立体停车场，空余的空间可建设成中庭花园，兼顾景观和功能，并提供儿童活动场地、社区菜园、运动健身场地等。同时，中庭花园可以结合海绵社区建设，提升住区的整体生态效益。

4.4.4.2　改善户外空间品质，满足不同群体需求

既有社区户外空间品质直接影响到居民对活动空间的选择，高品质的户外空间环境不仅能够为不同户外活动提供场所和设施支撑，同时还能激发居民参与户外活动的热情，提高其身体活动水平进而改善身体健康。

以五冶宿舍为例。五冶宿舍是笔者调研的既有社区中修建年代最早的社区，建筑质量和户外空间质量均已落后于其他既有社区。行列式布局是单位小区最典型的特征，而户外空间主要由主干道和宅前路空间构成，缺少较集中的公共空间和绿地。五冶宿舍户外空间中仅一处集中的公共绿地，但该空间使用情况不佳，被大量机动车占用，居民活动受限。五冶宿舍东侧规划有集中停车场地，一定程度上缓解了住区内的停车压力，但随着机动车数量的日益增多，显然现有的户外空间无法承受如此大的停车压力。与东1门相连的主干道是住区内最为繁忙的路段，自发形成的菜市场对于丰富住区生活形态十分有益，"市井文化"在住区内得到较好的展现，但缺乏规划的菜市场使得该路段拥挤不堪。主干道上的道路交叉口空间是老年人群体活动比较集中的场所，闲坐聊天的老年人多自带板凳来此聚集。

因此，在五冶宿舍户外空间极其有限的情况下，五冶宿舍户外空间优化应以改善现有户外空间品质为主，在条件允许的情况下，应尽可能为不同的群体提供活动场所。可以将南门入口附近的集中绿地改造成小型社区广场，在广场边缘空间增加健身场地和儿童活动空间，提供公共座椅满足老年人观看广场活动的需要。纵向长方形的主干道空间可以改造成单边设有摊位的直角梯形空间，在道路另外一侧划分出单独的步行道空间，避免菜市场对过往行人的干扰。在道路交叉口空间可以适当减小道路的宽度，增加老年人的活动空间，并提供公共座椅、桌子等设施。

4.4.4.3 构建户外空间系统，增加空间活力触媒

"可防卫空间"理论强调空间层次和空间系统对于住区安全的重要意义。多层空间结构有利于形成领域感，增加空间的可识别性。层次丰富的空间系统为多样活动的产生创造了有利条件。

以东沙路 50 号小区为例。东沙路 50 号小区的空间系统为：入口空间——公共空间（主干道）——半公共空间（宅前路）——私密空间（住所内）。理论上，东沙路 50 号小区已具备了基本的户外空间系统。但实际上，公共空间被机动车占用；半公共空间不仅被机动车占用，同时由于宅间栽植了大量高大的常绿乔木，导致宅前路空间光照不足、蚊虫干扰周边居民日常生活和户外活动。东沙路 50 号小区的户外空间的空间层次感受不足，空间系统性不强。

因此，东沙路 50 号小区应加强户外空间系统建设，强化已有空间功能。其一，改地面停车为立体停车，为户外活动留出必要的空间；其二，强化公共空间特色，以区别于其他空间。如主干道两侧建筑山墙上绘制地方文化图案、增强地方特色；主干道空间靠近山墙位置提供带顶的休息区，使其作为户外活动产生的触媒之一；中央活动广场在改善铺装质量之后，应提供户外公共座椅和桌子。其三，半公共空间应更加精细化、特色化处理。例如移除病虫害严重的树木；对常绿乔木进行疏植，并增加落叶乔木种类；宅前路可以适当缩窄，为每个单元入口提供一处活动空间。其四，为住区内儿童提供活动场地，可结合老年人喜爱的健身场地设置，儿童活动空间是一系列户外活动产生的重要触媒。

4.5 小结

总之，成都市老龄化趋势逐年明显，高龄化（80 岁及以上老人）也较突出，占老龄人口的 14%（2017 年底数据）。被调查样本的人口学特征调查显示，就中心城区 5 区而言，老龄化程度不均，其中金牛区最高（24.44%），高出全市平均水平 3.26%。被调查对象中女性多于男性，年龄呈现出高龄化趋势，空巢家庭比例为 52.3%，老年人的整体经济状况和健康状况较差，患慢性病的老年人比例高达 64.6%。

成都市既有社区老年人的日常户外活动分为健身类、娱乐类、养身类、社会类四类。活动空间选择宅间与小区内部活动场所、小区周边街道活动场所、城市广场公园、社区活动中心和体育场馆，其中宅间与小区内部活动场所是老年人最主要的活动空间，比例达 72.5%。外出活动时间集中在早饭后

的 7：00—10：00 和午饭后的 15：00—17：00 之间，表现出较高的活动参与频率。老年人对现有社区户外空间环境满意率达 54.5%，对活动场所偏少、缺少公共厕所和座椅等不满意。据此，选取了成都市三个代表性城市既有社区及其老年人为研究对象，将既有社区户外空间形态划分为平面、剖面和界面三个类型，用行为注记法研究户外空间形态与老年人行为之间的关系。提出梳理户外空间类型，挖掘存量空间潜力；改善户外空间品质，满足不同群体需求；构建户外空间系统，增加空间活力触媒三大既有社区户外空间的优化策略。

| 第五章 |
成都城市既有社区健康促进型户外空间环境探究

由 2.4 节健康促进型户外空间环境评价指标体系的权重关系可知，包含于五大准则层中的空气（0.27）、可获得性（0.13）、温湿度（0.10）、步行道（0.07）、光照（0.07）、附属绿地（0.07）子准则层的质量对户外空间的健康促进能力影响至关重要。通过对成都城市既有社区户外空间环境建设现状的调查分析，结果显示，成都城市既有社区自然环境质量总体良好，空气质量处于中等水平，但优良率出现较少，说明成都市空气质量状况还需进一步改善。在土地利用方面，不同既有社区之间可获得性的差异较大，表明公共服务设施及绿地空间分布不均匀，交通环境和绿地空间整体评价较低，因此，要提高户外空间的健康促进水平应着重提升交通环境质量和绿地空间质量。

对成都城市既有社区老年人行为活动的研究结果表明，老年人的行为活动受多方面因素影响，并表现出一定的规律性。社区户外空间是与老年人联系最为紧密的空间场所，其质量的高低直接作用于老年人的行为活动，进而对老年人的身体健康产生影响。本着健康促进型户外空间环境是一种健康性、包容性的户外空间环境，以老龄化背景下成都既有社区健康促进型环境建设为目的，根据前面调查分析结果，以问题为导向，本章重点围绕空气质量、土地利用、街道空间设计、绿地空间设计和园林植物选择探讨建设策略。

5.1 健康促进影响因素

5.1.1 空气质量

空气质量对人体健康的影响毋庸置疑，城市中的空气污染加重了儿童和老年人患呼吸系统疾病的风险。确保人们能够呼吸到新鲜空气是健康促进型户外空间环境的基本要求。成都市的空气污染问题受到多方面的影响，其中一个重要的因素是极差的污染扩散条件。导致的原因主要有三：其一，成都市位于四川盆地中央，盆地内大气污染物具有"易积聚难扩散"的特点，该特点在冬季表现尤为突出；其二，成都市位于龙门山脉与龙泉山脉之间，西南方向又有山脉阻挡，形成了犹如"口袋"的地貌特征，污染扩散条件变得更差；其三，成都市在冬季主要受来自北方强冷空气的影响。北下的冷空气夹带着上风方向城市的空气污染物质可能进一步增加成都市空气污染的风险。

为明确成都市空气污染情况与周边城市之间的关系，我们选择了成都市、绵阳市、德阳市、资阳市进行空气质量指数（AQI）相关性分析。绵阳市和德阳市均位于成都市东北面（上风向），都是工业较发达的城市。德阳市被誉为"重装之都"，是中国重大技术装备制造业基地和全国三大动力设备制造基地之一（百度百科，2018c）。绵阳市是中国唯一的科技城，重要的国防科研和电子工业生产基地（百度百科，2018d）。资阳市位于成都市东南方向，龙泉山脉以东，有"中国西部车城"之称，造车产业发达。根据四个城市的空气污染情况变化规律，每年12月份的空气污染情况最为严重，故选择上述四个城市2017年12月的AQI数据进行相关性分析，详细结果见表5-1。结果发现，2017年12月，四个城市的空气污染情况在0.01水平（双侧）上显著相关，说明冬季的空气污染问题在四川盆地各个城市中普遍存在，区域性空气污染特征明显。

表 5-1　空气质量指数相关性分析

城市名称	成都	德阳	绵阳	资阳
成都	1	.874**	.836**	.856**
德阳	.874**	1	.963**	.900**
绵阳	.836**	.963**	1	.899**
资阳	.856**	.900**	.899**	1

注：** 在 0.01 水平（双侧）上显著相关，* 在 0.05 水平（双侧）上显著相关。

为进一步了解四个城市的空气污染水平的差异，将成都市的 AQI 作为对照组（CK）进行配对 t 检验，由表 5-2 可见，对照组（CK）与德阳市的 AQI 差异显著，与资阳市的差异极显著，与绵阳市的无明显差异。2017 年 12 月，四个城市的 AQI 均值从大到小依次为：德阳市（138）>绵阳市（135）>成都市（125）>资阳市（103）。表明德阳市作为重工业城市其空气污染问题严峻。因德阳市位于成都市东北面，与主导风向一致，这是加重成都市空气污染水平又一原因。

表 5-2　空气质量指数配对 t 检验

组别	城市名称	均值	标准差	均值的标准误	Sig.（双侧）
组 1	成都（CK）	125.838 7	47.067 40	8.453 55	.045*
	德阳	138.096 8	64.495 14	11.583 67	
组 2	成都（CK）	125.838 7	47.067 40	8.453 55	.172
	绵阳	135.258 1	66.616 30	11.964 64	
组 3	成都（CK）	125.838 7	47.067 40	8.453 55	.000**
	资阳	103.258 1	34.848 21	6.258 92	

注：** 在 0.01 水平（双侧）上显著相关，* 在 0.05 水平（双侧）上显著相关。

5.1.2　土地利用

土地利用至少从两个方面影响着人们的身体健康。其一，土地利用规划影响到产业布局，居住用地与工业用地之间的相对位置（包括距离和方位）很大程度上决定了人们暴露于工业污染物质（废气、废水、废渣等）中的机会。如前所述，工业用地若规划于城市的上风向，则可能会加重城市空气污染问题，使城市居民患呼吸系统疾病的概率提高，甚至增加肺癌发病率（2015 年，肺/支气管癌已成为中国癌症死因之首）。其二，土地利用影响到户外空间环境的"可获得性"。户外空间环境中的"可获得性"包括"公共服务设施可获得性"和"绿地空间可获得性"。"公共服务设施可获得性"影响居民日常生活的便利程度，其中公共厕所、农贸市场、医院等公共服务设施对健康的影响至关重要。以农贸市场为例，农贸市场是城市居民获得新鲜食物来源的主要途径之一。相较于年轻人，老年人对农贸市场更为依赖。对于老年人来说，农贸市场不仅是购物的场所，也是其参与社会活动的重要平台（图5.1）。农贸市场一方面提供了新鲜、健康的食物，另一方面为各类社会活动的发生创造了丰富的机会。部分涉老企业还将活动场所设置在农贸市场之中，就近吸引老年人参与其中（图5.2）。尽管这类企业多为谋求私利（如推销产品），但从某种意义上讲也为老年人的晚年生活增添了乐趣和意义，甚至为老年人培养出了一定的归属感。

（a）　　　　　　　　　（b）　　　　　　　　　（c）

图 5.1　农贸市场中的老年活动

（a）农贸市场旁的休息的老年人；（b）卖菜的老年人；（c）农贸市场里的轮椅使用者

图 5.2　农贸市场"助老之家"观影活动

　　"绿地空间可获得性"与城市居民拥有的户外活动场所关系密切。笔者随机访问了 30 名既有社区老年人和 30 名年轻人，询问"如果您家附近有一个公园，您会经常去那锻炼身体吗？"90% 的老年人表示会经常前往公园锻炼身体，约 75% 的年轻人表示愿意前往。访谈情况说明，老年人对公园等绿地空间更为青睐，同时对身体健康更为关注。较高可获得性的绿地空间不仅能改善居住环境，同时也是促进身体活动水平的重要因子。

5.1.3　街道空间

5.1.3.1　街道空间要素

　　微观层面的街道空间包括城市道路（城市次干道、支路）以及住区内部道路。城市道路空间通常由机动车道（含公交车道）、非机动车道（自行车）、步行道、沿街立面构成。住区内部道路空间一般包括小区路、组团路和宅前路。

5.1.3.2　街道空间对健康的影响

　　城市道路空间对健康的影响包括以下几个方面：

其一,机动车道。机动车道设计包括道路密度、道路宽度、交叉口设计、停车方式、限速要求、鸣笛限制等,均会对人们的健康产生影响。

道路密度会影响到可达性与选择度。通常而言,适中的道路密度以及舒适的步行环境会促使人们更愿意选择以步行的方式前往目的地。

单条机动车道路宽度通常为 3.5 m 或 3.75 m。城市中的道路总宽度差别较大,从几米到上百米不等。道路宽度将影响过街安全性,即使在道路中央设置等待区,也会给行人造成较大的穿行压力。当道路宽度与沿街建筑高度之比大于 3 时,街道空间会显得空旷缺乏场所感。

交叉口设计(交叉口密度、过街设施、交通信号灯密度等)对过街安全性起到关键性的影响作用。交叉口密度与道路长度、道路密度具有一定的相关性,通常交叉口密度越大,道路长度越短,道路密度越大。交叉口越少,行人违规穿越机动车道的可能性越大,穿越造成身体伤害的可能性增加。过街设施是影响行人穿越机动车道的重要因素,最简单的过街设施是斑马线,为保障过街安全性还可以增加交通信号灯。另外,交通稳净化措施也是保障行人安全的重要内容。常见的交通稳净化措施包括交通花坛、交通环岛、曲折车行道、变形交叉口、减速丘、减速台、凸起的人行横道、凸起交叉口、纹理路面等。

路内停车方式对健康的影响有多个方面。一方面,缺少合理规划的路内停车可能导致机动车对步行道、自行车道空间的侵占。另一方面,合理的路内停车规划可以保障自行车道和步行道的出行安全。最后,合理规划路内停车,可以增加街道活动空间面积,激发街道活力。

限速要求、鸣笛限制属于机动车管理方面的内容,机动车道设计时应该设置明确的交通标识告知相关限制内容。机动车限速是减少交通事故的重要措施,鸣笛限制可以最大限度地减少噪音对行人和周边居民的影响。

其二,非机动车(自行车)道。本书分析的非机动车道以自行车道为主。自行车出行作为一种绿色出行方式,其出行速度介于机动车和步行之间,通常是中短途距离出行的重要方式。自行车出行不仅能够起到锻炼身体、增加身体活动量的作用,同时还能减少出行带来的环境污染。

其三,步行道。步行道是指沿城市道路两侧规划的步行空间,包括人行道(含盲道)、绿化带和设施带组成。人行道是步行道中专供行人通行的部分,其宽度为步行道的有效宽度。绿化带是街道空间进行植物种植和景观营造的主要空间。设施带通常包括街道家具和市政设施等。步行道设计是健康促进型户外空间环境中讨论的核心内容之一。完善的步行道是实现健康促进的基本保障。

人行道的宽度、铺装材料、路面完好情况、无障碍性等方面都会对行人健康产生影响。人行道宽度不足会迫使行人占用非机动车道甚至是机动车道，三者相互干扰不利于交通安全。铺装材料的防滑性能影响到出行安全，特别是在雨天，湿滑的路面容易导致跌倒。部分铺装材料表面凹凸不平，轮椅、婴儿车、行李箱、带轮购物小推车在上面通行十分不便，行人不得已选择非机动车道通行。路面完好情况是确保通行安全的重要内容。路面完好情况与施工质量、铺装材料的选择、后期管理维护息息相关。如果道路施工中基层不够坚实平整，则容易导致路面铺装受损。目前，导致步行道路面破损的主要原因是机动车的碾压。无障碍性不仅指人行道中无障碍设施设置的情况，还广泛地指步行道在使用过程中方便、通畅的程度。为避免如盲道成为一种摆设的情况，步行道的无障碍性要求以包容性的角度满足各类人群的需求，如体弱者、身体残疾者和普通人群。

绿化带不仅能够美化步行环境，同时对步行舒适性产生重要影响。步行道的林荫空间可以改善夏季步行的舒适度，防止温度过高导致身体产生不适反应；步行道与非机动车道和机动车道之间的绿化种植还可以缓解诸如噪音、机动车尾气等给健康带来的不利影响；步行道的绿化是增强城市空间绿量的重要内容，而空间绿量被证实与健康关系密切。

设施带包括公共座椅、市政设施等。实际情况中，常出现设施带挤占人行道空间的情况。因此，健康促进型户外空间环境应该协调好人行道、绿化带和设施带三者之间的关系。

公共座椅是提升步行舒适性的重要设施，特别是对于老年人和身体残疾者更加重要。公共座椅除了提供休息场所以外，还能够有效延长户外活动时间、增加非正式接触的机会、激发社区活力。

步行道中的市政设施主要有市政管线、电气设备、给排水设施等。市政管线通常位于步行道之下，对步行道的影响相对较小。但市政管线的施工常影响到步行道的通行能力。电气设备以路灯、变配电设备和通信设备为主。路灯是夜间出行安全性的重要保障，部分缺少照明的既有社区应该增加路灯、庭院灯等照明设施。变配电设备和通信设备的位置对步行道的有效通行能力影响较大，且影响到街道景观整体效果。给排水设施一方面对消防安全产生影响，另一方面，良好的给排水设施规划可以减轻城市雨季防洪压力，同时能使人行道尽快干燥利于通行。

其四，沿街立面。沿街立面由建筑立面、住区围墙、绿地等构成。过于整齐划一的建筑立面会使街道缺乏活力，也难以依靠建筑辨别位置和方向。建筑立面应该与地方特色相协调，并与街道其他要素一起共同构成优美的街道景观。住区围墙通透与否直接影响到街道的亲切感和熟悉性。目前所提倡的开放式小区其目的之一就是打破住区内外界限，使住区内外空间和景观相互渗透与促进。

住区内部道路。住区内部道路通常是人车共享型，尽管人车共享的住区内部道路能够节约用地，但同时也恶化了步行环境。住区内部道路面临的最大问题是大量的地面停车严重侵占了各类户外活动空间，用地矛盾十分突出。随着活动空间的减少，居民不得已减少外出活动，或前往距离更远的活动空间。

5.1.4 绿地空间

绿地空间包括公园、广场、小游园、微绿地以及附属绿地中的开敞空间。绿地空间对人体健康具有多方面的影响。其一，绿地空间能够缓解城市热岛效应，缓解夏季炎热气温对人体健康的负面影响。绿地中的乔木起到的降温增湿效果最为明显。其二，绿地空间为人们提供了户外活动的场所。在绿地空间中活动能够改善生理和心理健康，并促进邻里互动和社会交往。其三，绿地空间是城市生态环境建设的重要一环，绿地空间起到了涵养水源、净化空气、维持城市生物多样性等作用。其四，绿地空间的可获得性不仅与幸福感相关，还直接影响人们外出活动的频率和机会。其五，绿地空间是体现社会公平、社会包容的重要载体。

城市既有社区绿地空间建设面临的主要问题是可利用空间少、建设资金有限等问题。因此，除按照相关规范规划设计绿地空间以外，还应该综合考虑绿地空间建设难题，从而发挥出绿地空间最大的健康效益。

5.1.5 园林植物

园林植物从以下几个方面对健康产生影响。其一，部分城市园林植物具有吸收有毒气体、净化水体和土壤、滞尘减尘、减轻噪声污染、改善城市小气候等作用，对营造良好的城市人居环境起到了重要作用；其二，一些园林植物还具有一定的保健功效，如缓解压力、调节情绪、消除疲劳、提高人体免疫力等；其三，参与园艺活动可以提高身体活动水平，促进邻里交往，有利于社会资本的形成；其四，部分园林植物的枝叶、花果含有毒素，误食可能引起中毒等健康损害。另外，有针刺、飞絮以及易引起过敏反应的园林植物也会对人体健康产生不利影响。

5.2 户外空间环境健康促进策略

5.2.1 提升空气质量

5.2.1.1 现有措施

目前，治理空气污染的措施可以分为"减排"和"快排"两大类：

其一，减排。减排的目的是从根源上切断空气污染形成的基础。减排的重点是减少由高能耗、高污染的工业企业、城市施工扬尘、机动车尾气、餐饮油烟等造成的空气污染。

空气污染的形成与产业结构、能源结构紧密相关。因此，减少空气污染多从淘汰落后产能、压缩过剩产能、加大清洁能源利用、加强工业企业大气污染排放限制等方面进行控制。

空气污染治理考察了城市的综合治理能力。城市施工扬尘以及渣土运输产生的扬尘对城市空气污染物中的 PM10 贡献最大，是导致城市中心区空气污染的主要原因之一。为减少城市建设造成的扬尘污染，除加强施工扬尘监督外，还应鼓励发展绿色建筑和装配式建筑。机动车尾气是城市空气污染的重要来源之一，机动车尾气的移动性、普遍性的特点使其对城市的影响更加广泛。城市道路空间是受机动车尾气影响最明显的户外空间。随着成都市机动车保有量的迅猛增长，空气污染物中二氧化氮和臭氧浓度均呈现上升趋势。大力发展公共交通系统、倡导绿色出行是减少机动车尾气污染的最佳办法。餐饮油烟是城市社区中空气污染物的重要来源之一。餐饮油烟污染最严重的是沿街餐饮店铺，主要原因是未按相关要求安装油烟净化设备。餐饮油烟治理主要依靠地方办事处协调解决。

2017 年，成都市人民政府印发《成都市重污染天气应急预案（2017 年修订）》（成都市人民政府，2017b），将重污染天气分为四级预警，并针对每级预警提出了应急响应措施。例如一级响应措施（红色）在健康防护引导措施方面提倡敏感人群应避免户外活动、中小学校采取停课等，并在污染减排方面加大力度。为鼓励市民减少私家车出行，凡遇到重污染一级和二级预警，成都市四环路以内均可持天府通卡免费乘坐公交，地铁享受八折优惠。

　　许功虎等（2015）对成都市机动车限行政策与空气质量的关联性进行了研究，结果发现限行对治理雾霾效果不理想。这可能与城市大气污染加重抵消了限行带来的益处有关。同时，也从侧面反映出机动车尾气仅是造成空气污染的一个方面。张智胜等（2013）对成都城区 PM 2.5 的来源进行了解析，发现贡献率从大到小依次为：二次硝酸盐/硫酸盐（31.3%）＞生物质燃烧（28.0%）＞机动车源（24.0%）＞土壤尘及扬尘（14.3%）。二次硝酸盐/硫酸盐贡献率高说明成都城区及周边对化石燃料的依赖度高（如机动车燃油）。

　　其二，快排。为尽快使城市中的空气污染物质消散，全国各大城市（例如北京、武汉、杭州、南京、成都等）均开启了城市通风廊道（Urban Ventilation Channel）规划应用研究（任超等，2014）。城市通风廊道建设的最初目的是缓解城市热岛效应、增加空气流动性、使得城市空间的热舒适度得到改善。现在，城市通风廊道与城市空气污染的关系在逐渐固化，通风廊道建设被视为改善城市空气质量的重要措施之一。

　　以成都市为例。成都市的空气污染天气主要出现在冬季，2016 年 12 月成都市区空气质量达标天数所占比例仅为 16.1%（申停波等，2017）。成都市在冬季主要受来自北方强冷空气的影响。因此，成都市通风廊道规划的目标就是确保风能从城市北面顺利进入，又能顺利地从城市南面排出。

　　基于以上认识，成都市构建了"8 + X"通风廊道系统以期改善成都市通风环境。8 条 500 m 宽的近南北走向的一级通风廊道连通市区与郊区，促进郊区生态冷源与城市中心区连通性，从整体上改善城市热环境。X 条不小于 50 m 宽的深入城区腹部的二级通风廊道进一步增强城市空气流动性。在此基础上，进一步对通风廊道范围内的用地、产业、建筑布局、建筑密度、建筑高度、建筑间口率、建筑最大连续展开面宽度等做出要求。在全市共同努力下，2017 年成都市空气质量优良率为 64.9%，较 2016 年增长 6.4%。

5.2.1.2　健康促进策略

　　就目前的空气质量改善措施而言，社会各界均已认识到空气质量对健康的重要性，并采取了有效措施改善空气质量。空气污染治理无法一蹴而就，尽管通过行政手段能够在短时间内快速改善城市空气质量，但是还需要考虑可持续的改善措施。通过以上分析，笔者认为从规划层面可以采取以下几种策略：防止输入性空气污染、合理布局产业空间、改善城市空气循环能力。

　　（1）防止输入性空气污染

　　四川盆地内，成都市面临的主要输入性空气污染威胁来自德阳市和绵阳市。特别是空气污染问题更严峻的德阳市处于龙泉山脉与龙门山脉之间的进风位置，对于成都市的空气质量影响可能会更加明显。借助"成德同城化"契机，成都市、德阳市、绵阳市应该建立空气污染治理区域联防联控机制。成都市与德阳市之间主要的城市（区）有新都区、青白江区、广汉市、彭州市、什邡市，特别是位于"成德"主导风向上的广汉市，应该重点加强顺应主导风向的生态防护林建设，形成一道"空气过滤网"防护林。由于彭州市、新都区、青白江区城市空间外围多是农业空间和永久基本农田，可用于生态防护林建设的空间有限，但仍然应该加强城区内的植树造林，共同构建起区域空气质量保障系统。

（2）合理布局产业空间

产业空间用地布局对城市环境质量影响巨大。要结合城市自然环境特点优化产业空间布局，最大限度减少产业空间对人们健康的影响。从促进城市居民身体健康的角度，产业空间应该尽可能远离人们居住生活的区域。产业空间用地应避免规划在城市的上风向和饮用水上游。从成都现有土地利用来看，成都市北部区域是重要的商贸中心和产业集中区。成都市的《"北改"片区总体规划》将"北改"片区的核心功能定位成国际现代商贸中心、多元文化创意高地和科技研发商务高地。因此，应该逐渐疏解和淘汰北部区域现有高污染、高能耗产业，其余产业可部分转移至成都市东部区域（简阳市，位于龙泉山脉以东）发展。

（3）改善城市空气循环能力

城市空气循环能力的提升可以从两个方面着手：其一，加强已规划的城市通风廊道的建设和管理，促进中心城区与郊区生态冷源之间的空气循环。其二，加强城区内部空气的微循环能力。具体措施包括：①种植更多乡土乔木；②适当增加水域面积；③增加屋顶绿化面积；④利用空气净化装置。

笔者已在第三章论述了乔木对降温增湿起到的显著作用，可利用乔木树冠上下方的温差为空气微循环创造有利条件。同时乡土乔木具有广泛的适应性，能够为增强地方生物多样性做出重要贡献（例如提供生物栖息环境）。

水体具有高比热容特性，吸热和散热能力均强，因地制宜地增加城市水域面积不仅能够缓解城市热岛效应，同时还能改善城市局部的空气流动性。

屋顶绿化具有夏季降温冬季增温的特点，成都市屋顶绿化普及程度不高，通过屋顶增绿能够一定程度上促进城市空气循环能力。

目前，空气净化装置多用于室内，原因在于空气净化装置的有效使用面积比较有限。荷兰艺术家和创新者 Daan 发明了一种 7 m 高的巨型空气净化器 Smog Free Towe，该装置每小时可以清洁 30 000 m³ 的空气污染物，试图缓解北京城市的空气污染状况。设计师将收集到的污染物质浓缩制成戒指，捐赠给支持该项实验的人们。Smog Free Towe 项目得到了中国环境保护部的支持和合作。

Smog Free Towe 取得的成功说明空气净化装置在室外能够起到一定的功效。基于该理念，笔者提出了一种全新空气净化装置用于改善城市的空气质量（图5.3）。该装置由太阳能光伏板、净化器保护罩、污染物质捕捉叶片、污染物质收集器、蓄电池等部件构成。

太阳能光伏板用于收集太阳能，为空气净化装置提供备用能源；净化器保护罩是防止降雨对净化装置内部造成损害，当净化装置工作时，保护装置自动回收到顶部，如遇下雨天，净化装置停止工作则放下保护罩；污染物质捕捉叶片固定于中央转轴上，用于空气污染物质的捕捉，叶片数量可根据需要适当增减；收集到的污染物质集中于底端的收集器中，由专人定期进行养护；蓄电池是存储太阳能光伏板收集到的电能以及风能（自然界的风能和机动车行驶形成的风能）驱动叶片转动产生的电能。本装置可以安置于任何适合的位置，运行时可以实现零能源消耗，且能将风能转换成电能，在具备一定规模后还可以为电动汽车提供能源。

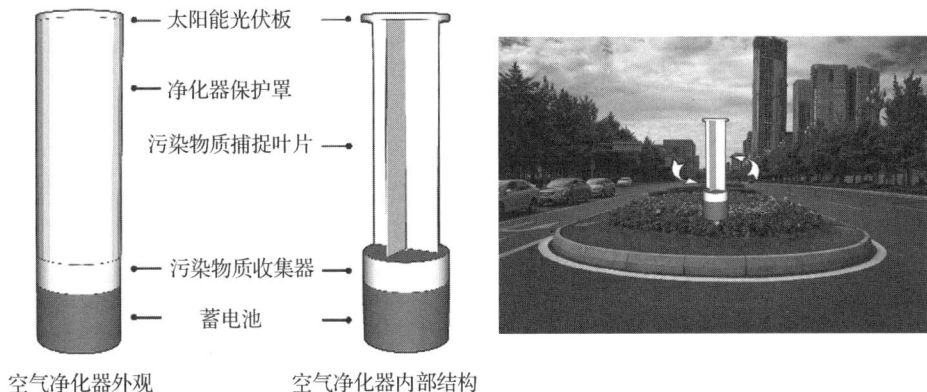

空气净化器外观   空气净化器内部结构

图 5.3　空气净化装置

5.2.2　打造农贸市场 +

土地利用规划对健康的影响前面已做详细论述。此策略主要针对户外空间环境"可获得性"的探讨。由于城市建设用地极其有限，城市既有社区的可利用空间更加稀少。要提升城市既有社区的户外空间环境"可获得性"还需从土地的混合使用着手。《城乡用地分类与规划建设用地标准》（GB 50137）（修订）鼓励适度对土地进行功能混合，以促进城市功能的复合化发展。城市建设用地的混合使用方式如表5-3所示。《成都市城市规划管理技术规定（2017）》同样对部分城市建设用地兼容性进行了控制，详见表5-4。

表5-3　城市建设用地的混合使用方式建议指引

用地类别代码		鼓励混合使用的用地	可混合使用的用地
大类	中类		
R	R2、R3	B1、B2	B3
A	A2、A4	—	B1、B2、B3
B	B1、B2	B1、B2	B3、B9、A2、R2、R3
M	M1、M2	W1、W2	B1、B2
W	W1、W2	M1、M2	B1、B2
S	S2	B1、B2、R2	A2
	S3	B1、B2	A2
U	U1	—	G1、A2、S4
	U2	—	G1、A2、S4

资料来源：《城乡用地分类与规划建设用地标准》（GB 50137）（修订）

以农贸市场为例。农贸市场的用地性质属于商业服务业设施用地（B）大类、商业用地（B1）中类、零售商业用地（B11）。但农贸市场的经营具有特殊性，关系到基本民生，受政府管理和调控。因此，农贸市场属于准公共产品范畴（同济大学等，2011）。按照《城乡用地分类与规划建设用地标准》（GB 50137）（修订）对用地混合的规定，B1可混合使用的用地包括B3、B9、A2、R2、R3，其中A2为文化设施用地，A2中类下的A22小类为文化活动用地，包括综合文化活动中心、老年活动中心等。然而，对比《成都市城市规划管理技术规定（2017）》的用地兼容性管理办法，B11对A类用地并不兼容，除兼容商业服务业设施用地（B）以外，仅部分兼容社区级服务设施用地（R12、R22）。从应对人口老龄化的角度看，成都市的用地兼容性还有待提升。

表5-4 部分城市建设用地兼容性一览表

主导用地性质分组（大类／中类／小类）：
- 居住用地 › 一、二类居住用地 › 住宅用地（R11/R21）、服务设施用地（R12/R22）
- 公共管理与公共服务设施用地 › 行政办公用地（A1）；文化设施用地 › 图书展览用地（A21）、文化活动用地（A22）；教育科研用地 › 科研用地（A35）
- 商业服务业设施用地 › 商业用地 › 零售商业用地（B11）、批发市场用地（B12）、餐饮用地（B13）、旅馆用地（B14）；商务用地 › 金融保险用地（B21）、艺术传媒用地（B22）、其他商务用地（B29）；娱乐康体用地 › 娱乐用地（B31）、康体用地（B33）；其他服务设施用地（B9）

兼容用地性质 大类	中类	小类	类别代码	R11/R21	R12/R22	A1	A21	A22	A35	B11	B12	B13	B14	B21	B22	B29	B31	B33	B9
居住用地	一、二类居住用地	住宅用地	R11/R21	／	×	×	×	×	×	×	×	×	×	×	×	×	×	×	×
		服务设施用地	R12/R22	×	／	×	×	×	×	●	×	●	●	●	●	●	●	●	●
公共管理与公共服务用地	行政办公用地		A1	×	×	／	●	●	×	●	×	●	●	●	●	●	●	●	●
	文化设施用地	图书展览用地	A21	×	×	●	／	●	●	●	×	●	●	●	●	●	●	●	●
		文化活动用地	A22	×	×	●	●	／	●	●	●	●	●	●	●	●	●	●	●

续表

兼容用地性质 大类	中类	小类	类别代码	居住用地 一、二类居住用地 住宅用地 R11 R21	服务设施用地 R12 R22	公共管理与公共服务设计用地 行政办公用地 A1	文化设施用地 图书展览用地 A21	文化活动用地 A22	教育科研用地 科研用地 A35	商业服务业设施用地 商业用地 零售商业用地 B11	批发市场用地 B12	餐饮用地 B13	旅馆用地 B14	商务用地 金融保险用地 B21	艺术传媒用地 B22	其他商务用地 B29	娱乐康体用地 娱乐用地 B31	康体用地 B33	其他服务设施用地 B9
公共管理与公共服务用地	教育科研用地	高等院校用地	A31	×	×	×	×	×	×	●	×	●	●	●	●	●	●	●	●
		中等专业学校用地	A32	×	×	×	×	×	×	●	×	●	●	●	●	●	●	●	●
		中小学用地	A33	×	×	×	×	×	×	●	×	●	●	●	●	●	●	●	●
		特殊教育用地	A34	×	×	×	×	×	×	●	×	●	●	●	●	●	●	●	●
		科研用地	A35	×	×	●	×	×	/	●	×	●	●	●	●	●	●	●	●

续表

主导用地性质 → ／ 兼容用地性质 ↓				居住用地		公共管理与公共服务设计用地				商业服务业设施用地									
				一、二类居住用地		行政办公用地	文化设施用地		教育科研用地	商业用地				商务用地			娱乐康体用地		其他服务设施用地
大类	中类	小类	类别代码	住宅用地	服务设施用地	行政办公用地	图书展览用地	文化活动用地	科研用地	零售商业用地	批发市场用地	餐饮用地	旅馆用地	金融保险用地	艺术传媒用地	其他商务用地	娱乐用地	康体用地	其他服务设施用地
				R11 R21	R12 R22	A1	A21	A22	A35	B11	B12	B13	B14	B21	B22	B29	B31	B33	B9
公共管理与公共服务用地	体育用地	体育场馆用地	A41	×	×	×	×	×	×	●	×	●	●	●	●	●	●	●	●
		体育训练用地	A42	×	×	×	×	×	×	●	×	●	●	●	●	●	●	●	●
	医疗卫生用地	医院用地	A51	×	×	×	×	×	×	●	×	●	●	●	●	●	●	●	●
	社会福利用地		A6	×	×	×	×	×	×	●	×	●	●	●	●	●	●	●	●

续表

兼容用地性质 大类	中类	小类	类别代码	居住用地 住宅用地 R11 R21	服务设施用地 R12 R22	公共管理与公共服务设计用地 行政办公用地 A1	图书展览用地 A21	文化活动用地 A22	科研用地 A35	商业服务业设施用地 零售商业用地 B11	批发市场用地 B12	餐饮用地 B13	旅馆用地 B14	金融保险用地 B21	艺术传媒用地 B22	其他商务用地 B29	娱乐用地 B31	康体用地 B33	其他服务设施用地 B9
商业服务业设施用地	商业用地	零售商业用地	B11	×	◎	×	×	×	×	—	◎	●	◎	◎	◎	◎	●	●	●
		批发市场用地	B12	×	×	×	×	×	×	×	—	×	×	×	×	×	×	×	×
		餐饮业用地	B13	×	◎	×	×	×	×	●	◎	—	◎	◎	◎	◎	●	●	●
		旅馆用地	B14	×	◎	×	×	×	×	●	◎	●	—	◎	◎	◎	●	●	●

续表

兼容用地性质\主导用地性质				居住用地		公共管理与公共服务设计用地				商业服务业设施用地									
				一、二类居住用地		行政办公用地	文化设施用地		教育科研用地	商业用地				商务用地			娱乐康体用地		其他服务设施用地
大类	中类	小类	类别代码	住宅用地	服务设施用地	行政办公用地	图书展览用地	文化活动用地	科研用地	零售商业用地	批发市场用地	餐饮用地	旅馆用地	金融保险用地	艺术传媒用地	其他商务用地	娱乐用地	康体用地	其他服务设施用地
				R11 R21	R12 R22	A1	A21	A22	A35	B11	B12	B13	B14	B21	B22	B29	B31	B33	B9
商业服务业设施用地	商务用地	金融保险业用地	B21	×	◎	×	×	×	×	●	◎	●	◎		●	●	●	●	●
		艺术传媒用地	B22	×	◎	×	×	×	×	●	◎	●	◎	●		●	●	●	●
		其他商务用地	B29	×	◎	×	×	×	×	●	◎	●	◎	●	●		●	●	●

续表

兼容用地性质				主导用地性质 居住用地		公共管理与公共服务设施用地				商业服务业设施用地									
				一、二类居住用地		行政办公用地	文化设施用地		教育科研用地	商业用地				商务用地			娱乐康体用地		其他服务设施用地
大类	中类	小类	类别代码	住宅用地	服务设施用地	行政办公用地	图书展览用地	文化活动用地	科研用地	零售商业用地	批发市场用地	餐饮用地	旅馆用地	金融保险用地	艺术传媒用地	其他商务用地	娱乐用地	康体用地	其他服务设施用地
				R11 R21	R12 R22	A1	A21	A22	A35	B11	B12	B13	B14	B21	B22	B29	B31	B33	B9
商业服务业设施用地	娱乐康体用地	娱乐用地	B31	×	◎	×	×	×	×	●	●	●	◎	◎	◎	●	/	●	●
		康体用地	B32	×	◎	×	×	×	×	●	◎	●	◎	◎	◎	●	●	/	●
	其他服务设施用地		B9	×	◎	×	×	×	×	●	◎	●	◎	◎	◎	●	●		/

注：①×禁止兼容；◎兼容比例仅兼容；●兼容比例不超过50%；
②本表中B12批发市场用地仅指普通商品的批发市场，不含危险品等特种商品的特殊批发市场；B9其他服务设施用地中不含殡葬设施；
③兼容等比例指兼容类的计容建筑面积与该项目计入容积率的建筑面积的比例；
④本表未涉及的兼容类别系按规划用地类别进行管理；
⑤规划控制指标按主导用地类别进行管理；
⑥B1商业用地、B2商务用地、B3娱乐康体用地之间可以相互兼容，兼容比例为100%（批发市场用地除外）。

资料来源：《成都市城市规划管理技术规定（2017）》

目前，成都市的农贸市场多数为一层带顶棚的简易市场（图5.4），平面形状一般呈长方形。农贸市场的建设规模一般大于 1 500 m²。由于管理水平差异，农贸市场内部的环境质量相差较大。农贸市场顶棚材料多使用中间有泡沫便于采光的彩钢，但由于顶棚结构较简易，容易被大风吹垮塌，存在一定的安全隐患。农贸市场中各年龄段的消费者均有，但以老年人居多。

（a）　　　　　　　　　（b）　　　　　　　　　（c）

图5.4　农贸市场

（a）成华区竞成路菜市场；（b）站北农贸市场；（c）万年农贸市场

尽管严格意义上讲，带顶棚的农贸市场属于室内空间，但是基于社区服务用地不足的现实情况，农贸市场可以进行更加综合的开发利用，包括提供更多的户外空间。从该理念出发，本书提出了"农贸市场＋"的概念，深挖农贸市场巨大改造开发潜能，为社区综合服务供给侧改革创造机遇。

建设"农贸市场＋"不仅实现城市用地的集约化和复合化利用，为社区居民提供更多的服务功能，亦是通过提升"可获得性"达到健康促进型社区户外空间环境建设的根本目的。具体模式有，农贸市场＋社区服务中心、农贸市场＋老年活动中心、农贸市场＋屋顶农业等。如图5.5为农贸市场＋（社区服务中心＋老年活动中心＋屋顶农业）的空间利用模型。根据成都市农贸市场标准化建设标准的要求，农贸市场应按照相关标准设置停车场。为了尽可能高效利用空间，经改造后的农贸市场一律采取地下停车，充分利用竖向空间和地下空间。屋顶农业建设区应设置采光天井，满足底层农副产品经营的自然采光，同时也可以在底层建筑立面开设窗户侧面采光和通风。

5.2.3　塑造包容性街道

包容性街道是为所有人服务的街道。包容性街道涵盖时间和空间两个维度。

包容性街道的时间维度是指街道空间使用在一天中时间上的合理管理。例如，街道空间在早高峰之前（0：00—6：00）的使用对象主要是沿街商家，活

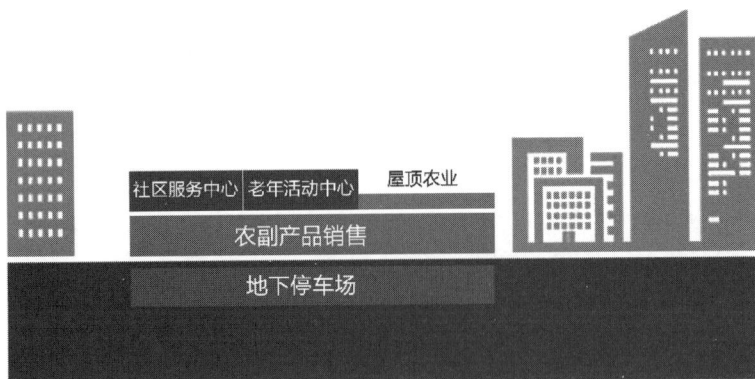

图 5.5　"农贸市场 +"空间利用模型

动内容为上下货物；通勤高峰时间段（6：00—9：00，17：00—19：00）以满足各类交通通行为主；闲暇时间段（9：00—17：00）应满足周边居民各类户外活动需求，提供相应的活动空间和设施；晚餐时间（19：00—21：00）是一天中街道最为繁忙的时间段，此时对街道空间最大需求是停车，应开放各类停车设施并规范停车方式，避免停车对步行空间的占用。对于车流量不大、路面较宽敞的街道可以提供夜间路内停车服务，以减轻住区内部停车压力。

包容性街道的空间维度主要是指为满足各类需求而设置的街道空间。街道空间的功能需求主要包括：机动车通行（包括公共交通和私家车）、非机动车（自行车）通行、步行、休憩、有轮工具使用（包括轮椅、婴儿车、购物推车等）、停车（机动车和非机动车）、候车（临时性候车和公交站台候车）、街边活动（商业、休闲、逗留等）以及对景观生态的需求等。

街道空间在满足各类功能需求时，应该按照一定的优先等级进行空间保障。包容性街道应该首先保障步行交通的安全性和无障碍性，始终把行人放在第一位，其次是保障公共交通的高效和可靠，最后是保障非机动车和机动车行驶的畅通和连贯性。

5.2.3.1　步行道设计

（1）步行道有效宽度。步行道有效宽度应根据预测的人流量进行计算确定。既有社区的步行道有效宽度通常要比新建社区的小，且人流量不大。因此，既有社区的步行道有效宽度以物理通行能力计算。单人通行的有效宽度为60 cm，一人通行一人侧身避让的有效宽度为90 cm，一辆轮椅通行一人侧身避让的有效宽度为 1.5 m。故一般情况下，步行道有效宽度应该≥1.5 m。针对建设空间极为有限的步行道，步行道有效宽度应该≥90 cm（轮椅宽度一般小于70 cm）。

（2）步行道最小净高。步行道最小净高为2.5 m，影响步行道净高的要素有沿街店招、沿街雨棚、乔木分枝点等。为保障步行道通行不受影响，应该加强上述要素的管理和养护。

（3）步行道铺装材料。步行道铺装材料选择的一般性原则是安全、防滑、平整、耐磨损、坚实。步行道铺装材料一般由盲道和一般性铺装材料构成。

盲道铺装材料按照使用功能可分为行进盲道和提示盲道两种类型。盲道铺装一般为30 cm×30 cm，步行道内按此规格设置一条符合规范的盲道即可。过宽的盲道无太多实际作用，反而增加了普通行人和有轮工具使用者的通行难度。盲道建设务必注重安全性和连续性。

步行道的一般性铺装材料包括水泥混凝土预制块、石材、广场砖、现浇水泥混凝土、透水砖等。铺装尺寸大小不一，常见的有10 cm×10 cm、10 cm×20 cm、30 cm×30 cm、40 cm×40 cm、60 cm×90 cm等。小尺寸的铺装材料在相同面积情况下用料更多，会形成更多的拼接缝，而过多的拼接缝会降低有轮工具使用者的通行舒适性。

综合考虑步行道安全性、舒适性和生态性，建议首选现浇透水混凝土路面，其次是尺寸相对较大的块状铺装。一方面，现浇透水混凝土路面是整体路面，较少出现铺装破损或路面不平等安全隐患；另一方面，现浇透水混凝土路面在步行舒适性和有轮工具使用舒适性均优于其他铺装材料；再者，现浇透水混凝土路面符合海绵城市设计要求，是实现海绵社区的重要措施。

对于条件不成熟的既有社区，应该在原有以块状铺装为主的步行道内增设一条宽度≥90 cm的整体路面，该路面设置于盲道右侧，主要方便有轮工具使用者通行。

（4）步行道设施。步行道设施中重点考虑的有公共座椅、公用设施等。公共座椅设置的原则：凡是能够满足有效通行能力的步行道应每隔120 m左右设置一处公共座椅或替代的休憩设施（包括带座椅的景观亭、结合花台设置的座椅等）。公共座椅可以单独设置，也可以多个座椅围合成"L"型、"U"型或相对设置。公共座椅宜选用木质材料，并具有靠背和扶手。公共座椅设计应该符合人体工程学要求，坐面高350—440 mm，坐面宽400 mm左右，座椅靠背的倾角为100—110°。公用设施中，路灯应该按照照明的实际需求设置，为保障老年行人的安全，可以适当提高路灯的照度标准。其他公用设施设置不应阻碍步行道的通行能力，且应该景观化处理与街道整体景观相协调。

（5）步行道绿化。步行道绿化是营造街道空间微气候舒适性和塑造街道品质、街道氛围的重要措施。步行道绿化遵循的基本原则是：适地适树，安全优先，突出特色。适地适树要求植物材料选择上应该尽可能选用乡土植物，乡土植物不仅具有极强的适应性、生命力旺盛、便于后期养护管理，还为多种动物、昆虫提供栖息地，对维持城市生物多样性具有重要意义。成都市常见的乔木类乡土植物有香樟、桢楠、桂花、黄葛树、银杏、榿木、皂荚、栾树等。安全优先，一方面指乔木的枝下高应该满足通行要求，行道树乔木枝下高≥3.5 m，其他林下有通行需求的乔木枝下高≥2.5 m；另一方面，安全优先还指植物树种的选择应该无毒无害无污染，不对人体健康产生负面影响。因此应尽量避免使用诸如构树、女贞等树种。突出特色是指根据地域和场地特征选用适合环境氛围的植物树种，成都市适宜采用的特色植物包括市树（银杏）、市花（芙蓉）、观花类如桂花、合欢、蓝花楹等。竹子是成都市大熊猫文化中重要的植物材料，成都市常见的竹类有凤尾竹、小琴丝竹、慈竹、绵竹等。单个行道树树池形式一般为1.5 m×1.5 m的矩形或直径为1.5 m的圆形。宜采用透水混凝土树池，既能保障行道树正常生长，又能增加步行道的有效宽度。

（6）沿街立面。与行人关系密切的沿街立面主要有建筑底部空间、住区围墙和绿地。建筑底部空间应该在材料选择、质感、细节、尺度等多个方面加以重视，强调与街道空气的整体协调性，并给人亲切、细腻的感受。成都市建筑色彩可以按照三类进行引导：灰色主导、暖黄色主导、砖红色主导。住区围墙宜采用通透式处理，使住区内外空间相互渗透。绿地应该采取开放式，在适宜的位置通过步道将行人引导至绿地内部空间。

5.2.3.2 公交车道设计

公交车道应该用红色涂料和相应标识强调公交车道的专用性，以确保公交车能够高效运营。公交站台宜设置在机动车道和非机动车道之间的隔离台面上，站台与步行道之间的非机动车道路面应该与站台和步行道路面处于同一高度，通常比机动车道高出10—12 cm，以保障候车时路径的连续性。公交站台平面宜采用港湾式，以减少公交车停靠对机动车通行的影响。公交站台设施应该包括公交站点信息牌、公交运行实时信息牌、遮阳避雨防风设施、休息座椅、垃圾桶等。公交站台的宽度除开设施外，应该保证有≥90 cm的有效通行空间。

5.2.3.3 非机动车（自行车）道设计

自行车道按照车道数量可以分为单侧自行车道和双侧自行车道，有条件的街道应该在道路两侧设置宽度不小于 1.5 m 的自行车道，仅能设置单侧自行车道时，宽度不应小于 1.8 m；按照与机动车道的位置关系可以分为邻近型和隔离型。

邻近型指自行车道与机动车道相邻，以白色实线加以区别。隔离型包括机动车停车＋划线隔离、台面隔离（包括公交站台、一般台面等）、种植隔离等形式。邻近型的优势是可以减少路内停车对机动车行驶的影响，缺点是对自行车出行的连贯性造成不利影响。从景观效果和安全性角度考虑以上自行车道类型，以种植隔离形式最优、台面隔离次之、机动车停车隔离再次之、邻近型最差。

5.2.3.4 机动车道设计

（1）机动车道密度。成都市建成区路网密度仅为 4.42 km/km²。路网密度过低是导致交通拥堵的主要原因之一。成都市实行的小街区规制其目的就是增加城市路网密度，加强城市道路系统的"微循环"能力。畅通住区内部道路，使其与城市道路系统相连，是最简单、最有效提升路网密度的办法。但是该方法与住区内部居民利益相悖，同时还涉及物权法等内容。小街区规制在实施过程中困难较大，目前多依靠行政手段推行。笔者认为，小街区规制的实施必须广泛听取住区内部居民意见，在取得 2/3 以上产权人同意下方可实行住区户外空间的开放。小街区规制实行的目的不是为机动车服务，而是为行人和骑行者服务。因此，在推行开放式小区时，应该严格禁止非住区内部私家车的通行，以减少车辆对住区内部居民日常生活和户外活动的干扰。开放式小区应结合社区绿道规划外来人员的主要通行路径，按照社区绿道标准进行建设，并配以相应的标识系统。

（2）机动车道宽度。我国城市道路中单条机动车道路宽度通常为 3.5 m 或 3.75 m。成都城市既有社区的外部道路通常为双向两车道及以上规格，道路宽度多为 20—25 m 之间（含步行道和非机动车道宽度）。一般情况下，机动车通行所需的有效宽度为 3.0 m。以 25 m 宽的街道为例，其中可规划的内容包括双向 4 车道（共 12 m）、两侧非机动车道（共 3 m）、两侧步行道（共 6 m）、道路划线宽度（计为 1 m）。若需要设置公交车道，则可以将双向 4 车道内的 2 条用于公交通行。由此可见，通过合理规划，城市既有社区外部道路完全能够满足日常通行需求，还可以通过减少机动车路面宽度来增加街道活动空间面积。

对于部分街道狭窄的情况，可以采取限行或单向行驶等措施。

（3）交叉口设计。交叉口设计务必以步行交通路权为重，其次是公共交通，再次是非机动交通（自行车），最后才是机动交通的路权。交叉口设计的核心是确保行人和骑行者的安全性和便捷性。首先，在满足消防要求的前提下，应尽可能减小交叉口的转弯半径，以此降低机动车通行时的速度，保障行人过街安全。具体措施包括在交叉口处设置种植池或拓宽步行道。在交通流量较大的交叉口应该增设交通信号灯，信号灯可选用智能型和人工控制型。其次，为保障行为路径的连续性，交叉口处应该设计成步行道的连续体，即交叉口处的机动车道路面高度与步行道高度保持一致，且与步行道位于一条直线上。交叉口凸起部分的铺装材料应该与机动车道面层有所区别，可以与步行道铺装相同，并配以清晰、简洁的人行斑马线。最后，针对部分交叉口间距较大的街道，应该每隔100 m左右设置一处简易过街设施，包括斑马线、等待区和隔离设施等。

（4）路内停车设计。无序的路内停车是导致街道拥堵的主要原因之一。双向两车道的街道应该禁止路内停车，单向行驶的街道除外。路内停车的基本原则是不影响街道正常通行能力。平行式停车是路内停车形式中最常见的。规划有路内停车的街道宜间断设置停车位，剩余空间可以作为临时的街道活动场所，国外称作停车位公园（parking park）。应尽可能利用路边空间设置立体停车设施，以减少地面停车对街道空间的占用。立体停车设施可以将停车空间利用效率提升近5倍。

5.2.3.5 住区内部道路设计

住区内部道路空间一般包括小区路、组团路和宅前路。城市既有社区中的内部道路既是主要的通行空间，也是社区居民户外活动的重要场所。住区内部道路首先应该解决机动车和非机动车停车难问题，地面停车不仅使住区内部拥挤不堪，还使户外活动空间进一步减少。住区内停车宜采用立体停车设施，尽可能高效地利用竖向空间。立体停车设施应由业主委员会和设备供应商共同管理维护。其次，应严格保障消防通道的通畅性，对非法占用消防通道的设施予以拆除，消防通道设计应符合《建筑设计防火规范》（GB 50016—2014）、《城市居住区规划设计规范》（GB 50180—93）等相关标准。最后，在单元楼入口处可增设棚架和公共座椅等设施，以增加人体对室内外光线变化的适应性，并为包括老年人在内的住户提供休息和交流的场所。在宅前路、组团路旁边、住区出入口处应该适当增设公共座椅，以满足居民短暂休息的需求。

5.2.4 发展装配式户外空间

对既有社区户外空间而言，由于受用地面积等条件限制，新增传统的永久性固定设施不太现实。为加强健康促进型户外环境建设，一种新型的装配式设施建设成为可能。装配式是指利用预制部品部件在工程现场组装成整体的一种建设形式。目前提到装配式一般指装配式建筑。2016年国务院办公厅发布《关于大力发展装配式建筑的指导意见》（国办发〔2016〕71号），指出发展装配式建筑是推进供给侧结构性改革的重要举措。装配式建筑是一种绿色建造方式，具有施工污染小、节约资源能源、提高生产效率和质量安全等优点。

集装箱是现代运输体系中的核心要素，其作用是装载各类货物进行运输，且已形成了完整的国际标准。现行的集装箱国际标准为第一系列共13种。建筑师将集装箱设计为建筑单元已有成功案例。例如，清华大学的"生菜屋"项目，利用6个集装箱，构建出一套绿色健康的模块化住宅，是运用装配式建筑理念的优秀案例。

就目前而言，将集装箱作为预制部件用于户外空间建设的案例鲜有所闻。城市既有社区户外空间环境建设面临的困难突出表现为：建设资金有限、可利用空间少、公众参与程度低。为解决这一难题，笔者提出了户外空间供应商和装配式户外空间的概念。

5.2.4.1 概念解析

户外空间供应商是区别于传统设计企业和施工企业的全新概念。与传统设计企业相比，户外空间供应商除提供设计服务以外，更多是辅助服务购买方完成户外空间设计。利用供应商提供的虚拟现实（Virtual Reality，简称VR）/增强现实（Augmented Reality，简称AR）体验平台，公众可以沉浸于即将实施的户外空间环境之中，体验环境带给自身的真实感受。公众通过VR/AR体验平台的"菜单式"设计选项完成户外空间类型和形式的自主选择。与传统施工企业相比，户外空间供应商的施工程序更加简洁，施工过程对环境影响较小，施工耗时较短，最快可一天内完成所有项目。

户外空间供应商的服务对象包括政府、企业、业主委员会等。政府可以通过购买户外空间供应商提供的户外空间租赁服务减少财政支出（含设计费、施工费、管理费等），并取得良好的社会效益和生态效益；企业可以利用提供的户外空间进行临时性商业活动，减少场地建设费或场地租金的投入；业主委员会可充分参与到户外空间建设过程之中，得到优质的户外空间服务；户外空间供应商通过收取服务费、投放广告、构建信息网络，逐步提高其社会和市场影响力。

装配式户外空间可视为户外空间的一个基本功能单元，是利用集装箱改造而成的可移动式户外空间，是户外空间供应商提供的一种产品和服务。装配式户外空间是通过 VR/AR 体验平台线上下单、线下定制、现场组装的一种空间产品。

5.2.4.2　装配式户外空间类型

按照装配式户外空间的不同功能进行分类，可以划分为：康体运动型、休闲康养型、儿童游乐型、园艺体验型、商业服务型、公共服务型、立体停车型等。

康体运动型的内部空间设置有各类健身器械，供不同锻炼需求的人群使用；休闲康养型以保健型植物为主，并设置多种组合形式的公共座椅；儿童游乐型是满足社区儿童户外游戏活动的空间，根据儿童所处年龄段可划分为幼儿期、学龄前、学龄期三种游乐空间类型；园艺体验型是以蔬菜瓜果种植为特色的装配式户外空间类型，为高效利用内部空间，园艺种植采取立体种植形式；商业服务型是满足企业和个人的商业活动需求设置的空间，也可以作为社区临时农贸活动的空间；公共服务型包括医疗服务、日间照料服务等，还可以提供临时公厕服务；立体停车型是为非机动车停车服务而设计的空间产品。

以上所有类型的装配式户外空间可单独设置，也可以多个组合使用。装配式户外空间的立面和顶面可根据具体需要灵活设置，既可以拆卸，也可以作为文化宣传或广告位使用。装配式户外空间可用于长租或短租，日常养护管理由户外空间供应商提供。

5.2.4.3　装配式户外空间设计说明

（1）康体运动型

康体运动型户外空间的配置要素包括健身器械、公共座椅、康体知识宣讲栏、空气净化设备、紧急呼救设施、可伸缩太阳能光伏板等（图5.6）。可伸缩太阳能光伏板在默认情况下根据装配式户外空间内部气候舒适度进行自动调节，也可根据使用者光照需求进行人工调节。康体运动型户外空间的各个立面可根据安置场地的具体情况增设或减少。

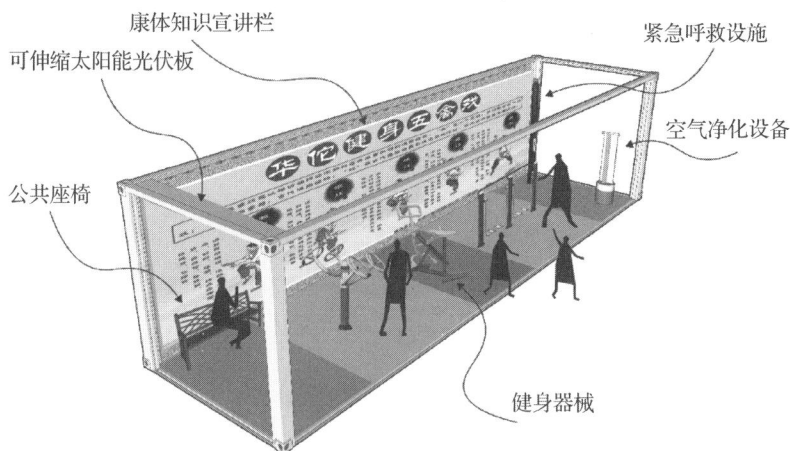

图5.6 康体运动型户外空间

（2）休闲康养型

休闲康养型户外空间如图5.7所示。休闲康养型户外空间由表层结构和内部结构两个部分构成。表层结构的配置要素包括升降平台、台阶、扶手、公共座椅、景观立面、空气净化设备、紧急呼救设施、保健型植物、可伸缩太阳能光伏板；内部结构的配置要素包括种植池、雨水收集设施以及蓄电池。休闲康养型户外空间由于需要栽植保健型植物，故将小型乔木的种植土球隐藏于平面之下，处理相应产生的高差则采用台阶和升降平台。休闲康养型户外空间相较于其他类型的装配式户外空间需要更大的建设面积，因此可以采用多个空间拼接成整体的方式满足建设需求。

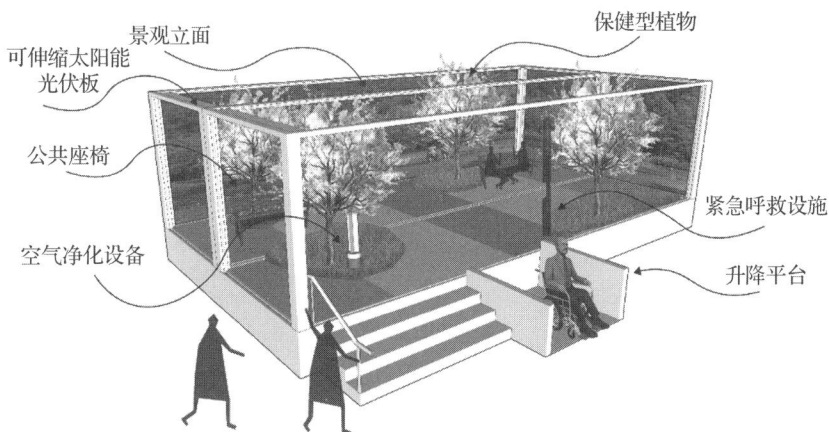

图5.7 休闲康养型户外空间

5.2.4.4 装配式户外空间实施流程

第一步，与服务购买方沟通户外空间需求意向；

第二步，现场调研，与服务购买方协商确定装配式户外空间拟安装位置；

第三步，供应商与服务购买方共同利用VR/AR体验平台的"菜单式"设计选项完成户外空间设计；

第四步，工厂组装户外空间部件；

第五步，将组装完成的装配式户外空间运抵拟安装位置；

第六步，对装配式户外空间进行现场安装和调试，确认无误后完成施工；

第七步，后期养护。

5.2.5 推广园艺疗法

5.2.5.1 植物选择

园艺疗法是通过植物或与植物相关的各类活动，如植物栽培、园艺操作等达到促进人体身心健康、消除疲劳等功效的一种辅助性治疗方法。因此，对园艺疗法使用的植物筛选十分必要。园艺疗法宜选用能够发挥保健作用和刺激人体五感的植物为主。本书列举了部分具有保健作用的园林植物以供参考，见表5－5。

表5－5　园艺疗法植物选择推荐

植物类型	中文名称	拉丁学名	功效
乔木类	辛夷	*Magnolia liliiflora*	对过敏性鼻炎有一定功效
	松树	*Pinus*	祛风燥湿、舒筋活络
	柏类		安神凉血、舒筋活络、消肿、温中行气
	银杏	*Ginkgo biloba*	缓解胸闷心痛、心悸怔忡、痰喘咳嗽
	桂花	*Osmanthus*	花有清香具有降压作用，止咳化痰，果暖胃，平肝，散寒
	香樟	*Cinnamomum camphora*	对有毒有害气体有较强抗性，能够净化空气，具有抗癌功效，能驱蚊蝇
	含笑	*Michelia figo*	花香安神醒脑，花茶饮能够提高人体新陈代谢，美容养颜
	白兰花	*Michelia alba*	含芳香性挥发油、具有杀菌功效，花香能舒解压力，温度情绪

植物类型	中文名称	拉丁学名	功效
灌草类	美人蕉	*Canna indica*	清热利湿，安神降压
	雏菊	*Bellis perennis*	药用价值非常高，含有挥发油、氨基酸和多种微量元素
	薄荷	*Mentha haplocalyx*	可治疗流行性感冒，外用可治神经痛、皮肤瘙痒等
	金银花	*Lonicera japonica*	清热解毒，气味芳香
	车前子	*Plantaginis semen*	祛痰止咳，对慢性气管炎和高血压有较好疗效
	鸢尾	*Iris tectorum*	活血祛瘀、利湿通便
	薰衣草	*Lavandula angustifolia*	使人镇定，花香控制神经性心跳
	玉簪	*Hosta plantaginea*	清热解毒、消肿止痛。花可清咽、利尿、通经。

5.2.5.2 开展园艺疗法的途径

城市既有社区开展园艺疗法优劣势并存。优势在于存在广泛的群众基础，社区居民常利用宅旁绿地和社区中的闲置地进行园艺活动（图5.8）。劣势是由于城市既有社区的土地资源极为有限，能够进行园艺活动的场所较缺乏。同时，成都市对住宅小区绿地的管理进行了严格的规定，一定程度上限制了园艺疗法的开展。

图5.8 社区居民参与园艺活动

基于上述分析，本书提出了城市既有社区开展园艺疗法的几种途径：其一，成立社区园艺疗法管理委员会（以下简称"园管会"），沟通协调活动开展相关事宜，例如规划和审查开展园艺疗法的场地、完善社区园艺的管理和认养规范等；其二，利用社区内闲置用地和景观较差的绿地进行园艺疗法活动。《成都市住宅小区绿地管理办法（试行）》规定居民不得擅自占用住宅小区内的绿地。因此，在园艺场地选择时应该充分与"园管会"取得沟通，并在社区中积极倡导"生产性景观""食用景观"的建设（图 5.9）。其三，充分利用屋顶空间，在城市既有社区增设电梯时应将电梯延伸至屋顶空间，以便于在屋顶开展各类活动。同时，还可以将装配式户外活动空间置于屋顶，作为社区居民的活动场所。其四，通过立体种植减少土地浪费，例如锦江区江东民居内利用PVC 雨水管建成立体种植结构，不仅节约了土地，同时还美化了建筑立面，如图 5.9（c）所示。但遗憾的是，由于缺少后期管理和维护，该装置已逐渐荒废。其五，使用保健型园林植物逐步替换社区中原有生长不良、影响居民日常生活和活动的园林植物，以期提升社区的健康促进功能。

（a） （b） （c）

图 5.9 社区中的园艺活动

（a）利用闲置地开展园艺活动；（b）景观化的园艺种植；（c）江东民居的立体种植

5.3 小结

总之，成都市既有社区健康促进型户外空间环境的建设涉及方方面面，本章仅从前期评价影响的主要因子出发，重点分析了空气质量、土地利用、街道空间、绿地空间和园林植物对人体健康的影响，提出了提升空气质量、打造农贸市场＋、塑造包容性街道、发展装配式户外空间和推广园艺疗法具体策略以促进城市既有社区户外空间环境健康发展。其中，提升空气质量的策略有防止输入性空气污染、合理布局产业空间、改善城市空气循环能力。打造农贸市场＋的目的是实现城市用地的集约化和复合化利用，并为社区居民提供更多的服务功能。而包容性街道策略涉及步行道、公交道、自行车道、机动车道、住区内部道路设计多个方面的内容。装配式户外空间以及户外空间供应商是本书提出的全新概念，发展装配式户外空间是为了缓解城市既有社区有限的用地和资金与社区居民（特别是老年人）日益增长的高品质户外空间环境需求之间的矛盾。推广园艺疗法的核心是规范社区园艺活动的日常管理，并为园艺活动积极开拓空间和场地。

| 第六章 |

结论与展望

6.1　结论

　　健康促进研究是当今学界研究的热点和前沿，不同学者均尝试从本学科领域构建健康促进的理论体系并付诸实践。在快速城市化和老龄化的双重背景下，风景园林学科应在已有的健康促进研究基础上发展出具有学科特色的理论体系。本书在梳理国内外相关研究的基础上，明确了建设健康促进型户外空间环境的目的与意义，并以成都市作为研究对象，从理论与实践研究的多个方面进行了定性和定量研究，形成以下结论：

　　（1）户外空间环境与人的心身健康紧密相关，健康促进型户外空间环境的建设在应对老龄化过程中发挥了重要的积极作用。可将现阶段我国养老模式从被动应对到主动干预老龄化的方向转变、提升老年人的健康素养、促进城市和社区健康发展。本书提出了"六位一体"健康决定因素概念模型，该模型由个体、政治、经济、文化、社会、生态因素构成。同时还引入了健康阈值（health threshold）和健康值环线（health value loop）概念，并建立了健康值线性规划模型。

　　（2）明确户外空间环境健康促进机制是建设健康促进型户外空间环境的基础。户外空间环境主要通过两种机制影响人的健康：其一，通过个体对户外空间环境的主观评价影响其行为活动。户外空间环境给人带来的安全感、便捷性、舒适度、吸引力等空间感受会对人们的住区选择、饮食习惯、身体活动、出行方式、社会交往等产生影响。其二，通过客观户外空间环境条件影响人们的行为活动和获取资源环境的机会及能力。资源环境既包括空气、噪音、光照、水体、温度、湿度、风速等环境要素，同时也涵盖了道路交通设施、公共服务设施、绿地空间、食物获取、社会资本、能源消耗等内容。资源环境与个人内在能力共同决定了个体功能发挥的程度。个体在行为活动和获取资源环境能力的差异又会对不同的健康问题产生影响，进而得到相应的健康结果。

（3）构建健康促进型户外空间环境评价指标体系是建设落实健康促进环境动力机制的关键技术。本书通过层次分析法（AHP）构建了目标层（A）；包括自然环境质量（B1）、土地利用质量（B2）、交通环境质量（B3）、绿地空间质量（B4）、管理与维护（B5）5 个准则层；15 个三级指标的子准则层；48 个四级指标的评价指标层的健康促进型户外空间环境评价指标体系。通过计算，得出"空气"指标的综合权重最大，为 0.27；"可获得性"指标次之，为 0.13。

（4）利用构建的评价指标体系，对成都城市既有社区的户外空间环境进行了调查与评价。调查发现，成都市在自然环境、土地利用、交通环境、绿地空间、管理与维护等方面存在不同程度的不足。成都市面临的首要环境问题包括空气污染、噪声污染等；而人均建设用地面积不足是城市建设出现诸如拥堵、公共服务设施不足等问题的根源之一，同时既有社区户外空间环境的"可获得性"呈现出较大差异；成都市应加强步行环境和骑行环境建设，加强无障碍环境建设；成都市绿地空间总量优于国家相关标准，但绿地空间布局需进一步优化，三环路以内需要加强绿地空间建设，以服务更广泛的使用群体；管理与维护方面总体表现良好。本书以双楠路 241 号的户外空间环境为例进行了综合评价，评价得分为 71.9 分，属中等健康促进水平。基于评价结果，提出了包括结合"立体停车""社区绿道"建设，挖掘"存量空间"并积极拓展新的绿地空间等具体优化措施。

（5）成都城市既有社区老龄化特征明显，表现出高龄化、空巢化等特点，老年人口的经济和健康状况均较差。老年人参与的户外活动类型包括健身类、娱乐类、养身类、社会类。老年人户外活动的主要空间是宅间与小区内部活动场所，比例达到 72.5%；每天主要外出活动的时间集中在早饭后的 7∶00—10∶00 和午饭后的 15∶00—17∶00 之间，表现出较高的活动参与频率。

成都城市既有社区老年人对社区户外空间环境表示满意的比例为 54.5%，而不满意的内容主要为活动场所偏少、缺少公共厕所和座椅等。老年人对座椅、公共厕所、健身设施有较大需求。本书提出了三点既有社区户外空间优化策略：梳理户外空间类型，挖掘存量空间潜力；改善户外空间品质，满足不同群体需求；构建户外空间系统，增加空间活力触媒。

（6）从前期评价影响的主要因子出发，提出了提升空气质量、打造农贸市场＋、塑造包容性街道、发展装配式户外空间和推广园艺疗法五方面城市既有社区户外空间环境健康促进策略。

其中，提升空气质量的策略有防止输入性空气污染、合理布局产业空间、改善城市空气循环能力。

打造农贸市场+提出了农贸市场+社区服务中心、农贸市场+老年活动中心、农贸市场+屋顶农业以及农贸市场+（社区服务中心+老年活动中心+屋顶农业）组合的空间利用模型。

而包容性街道策略涉及步行道、公交道、自行车道、机动车道、住区内部道路设计多个方面的内容。

装配式户外空间以及户外空间供应商是本书提出的新概念，利用供应商提供的 VR/AR 体验平台，可有效满足用户对装配式户外空间的自主选择和需求。同时本文提出了装配式户外空间的康体运动型、休闲康养型、儿童游乐型、园艺体验型、商业服务型、公共服务型、立体停车型七种类型，并初步进行了康体运动型、休闲康养型设计说明和流程探讨。

推广园艺疗法的途径，其一是成立社区园艺疗法管理委员会，统一规划实施和管理，其二是充分利用屋顶立体空间，其三是利用社区内闲置用地和景观较差的绿地进行改造。

6.2 研究展望

健康促进研究是一个涉及多学科多领域的综合性研究课题。尽管目前的研究主要集中在公共卫生领域，从人居环境健康角度出发，健康促进型户外空间环境的研究是风景园林学科涉及的内容，对该学科而言具有一定的挑战与创新研究空间，值得我们探索。本书结合国内外相关研究理论和成果，较为系统地分析了健康促进型既有社区的户外空间环境的现状及问题，以老龄化背景下城市既有社区为切入点，建立健康促进型户外环境质量评价指标体系，以成都市典型既有社区为例进行实证研究，提出的策略和途径，对成都市既有社区及类似城市社区具有一定的指导价值。但由于样本量有限，在较短的研究时间内也难以验证健康促进型户外空间环境的建设效果。因此，未来的研究工作还期待在以下几方面进一步拓展和深入：

（1）进一步探究户外空间环境的健康促进机理。可通过结合医学领域的研究方法，对户外空间环境的健康促进效用进行定量研究，多角度深挖健康促进机理，不断拓展健康促进型户外空间环境研究的深度。

（2）尽管本书已提出了部分户外空间环境的健康促进策略，但在后续研究中，应该加强健康促进型户外空间环境的相关规范和标准的制定，通过完善相关法律法规，加强风景园林从业者对其重要性的认识，并在工作实践中加以积极应用，为健康城市、健康社区建设贡献力量。

（3）通过与政府机构和其他科研单位的合作，建立城市人口健康基础数据库和户外空间环境基础数据库，利用城市大数据对城市健康状况进行精准定量模拟，为城市建设决策提供重要的数据支撑。

参 考 文 献

1. Alsnih R. , Hensher D A. The mobility and accessibility expectations of seniors in an aging population[J]. Transportation Research Part A, 2003, 37 (10): 903—916.

2. Angeliki Chatzidimitriou, Simos Yannas. Microclimate design for open spaces: Ranking urban design effects on pedestrian thermal comfort in summer[J]. Sustainable Cities and Society, 2016, 26: 27—47.

3. Angeliki Chatzidimitriou, Simos Yannas. Microclimate development in open urban spaces: The influence of form and materials[J]. Energy and Buildings, 2015, 108: 156—174.

4. Cabrera, J. F. , & Najarian, J. C.. How the built environment shapes spatial bridging ties and social capital[J]. Environment and Behavior, 2013, 47(3): 239—267.

5. Diener, E. , & Seligman, M. E.. Very happy people[J]. Psychological Science, 2002, 13(1): 81—84.

6. Dill, J.. Bicycling for transportation and health: the role of infrastructure[J]. J. Public Health Policy, 2009, 30 (S1): S95—S110.

7. Dohyung Kim, Yongjin Ahn. Built environment factors contribute to asthma morbidity in older people: A case study of Seoul, Korea[J]. Journal of Transport & Health, 2018, 8: 91—99.

8. E. Sharifi, J. Boland. Heat resilience in public space and its applications in healthy and low carbon cities[J]. Procedia Engineering, 2017, 180: 944—954.

9. Edwards P. , Tsouros A. D.. A Healthy City is an Active City: A Physical Activity Planning Guide[M]. Copenhagen: WHO Regional Office for Europe, 2008.

10. Evans GW. The built environment and mental health[J]. Journal of Urban Health, 2003, 80: 536—555.

11. HSE National Health Promotion Office. The Health Promotion Strategic Framework

[M]. Modern Printers, 2011.

12. James F. Sallis, Ph. D.. Neighborhood Environment Walkability Scale(NEWS) – Abbreviated [EB/OL]. (2002) [2017 – 08 – 05]. http://sallis. ucsd. edu/ measure_news. html

13. Jenine K. Harris, Jesse Lecy, J. Aaron Hipp, Ross C. Brownson, Diana C. Parra. Mapping the development of research on physical activity and the built environment[J]. Preventive Medicine, 2013, 57: 533—540.

14. Jianxi Feng. The influence of built environment on travel behavior of the elderly in urban China[J]. Transportation Research Part D, 2017, 52: 619—633.

15. Kim T Ferguson, Gary W Evans. The Built Environment and Mental Health[J]. Encyclopedia of Environmental Health, 2018.

16. Robert Cervero, Olga L. Sarmiento, Enrique Jacoby, Luis Fernando Gomez, Andrea Neiman, 耿雪. 建成环境对步行和自行车出行的影响:以波哥大为例 [J]. 城市交通, 2016, 14(05): 83—96.

17. Takano T. What is a health city [R]. Tokyo: WHO Collaborating Center for Health Cities and Urban Policy Research, 1998.

18. Titus Galamaa, and Arie Kapteyn. Grossman's Missing Health Threshold[J]. J Health Econ, 2011, 30(5): 1044—1056.

19. United Nations Department of Economic and Social Affairs. World Population Prospects: The 2017 Revision, Key Findings and Advance Tables[R]. New York: UN DESA, 2017.

20. Urban Land Institute. Building Healthy Places Toolkit: Strategies for Enhancing Health in the Built Environment. Washington, DC: Urban Land Institute, 2015.

21. US Department of Health and Human Services. Physical activity and health: a report of the Surgeon General. Atlanta, GA : US Department of Health and Human Services, Centers for Disease Control and Prevention, National Center for Chronic Disease Prevention.

22. US Department of Health and Human Services. Physical Activity Guidelines for Americans. 2008. http://www. health. gov/PAGuidelines/ guidelines/.

23. WHO. 阿德莱德关于健康公共政策的建议[EB/OL]. (1988 – 04 – 05) [2017 – 10 – 25]. http://www. who. int/healthpromotion/conferences/previous/ adelaide/en/

24. WHO. 衡量城市关爱老人的程度［R］. Geneva，Switzerland：Author，WHO，2015.

25. WHO. 社区康复指南［R］. Geneva，Switzerland：Author，WHO，2010.

26. WHO. 什么是健康促进？［EB/OL］.（2016 – 08）［2017 – 10 – 25］. http：//www. who. int/features/qa/health – promotion/zh/

27. World Health Organization. Global Age – friendly Cities：A Guide［R］. Geneva，Switzerland：Author，WHO，2007.

28. 安·福赛思，卡丽莎·希弗利·斯洛特巴克，凯文·克里泽克，蒋希冀，唐健. 健康影响评估之规划师版：哪些工具有用？［J］. 国际城市规划，2016，31（04）：32—43.

29. 百度百科. 成都地铁［EB/OL］.［2018a – 08 – 05］. https：//baike. baidu. com/item/% E6% 88% 90% E9% 83% BD% E5% 9C% B0% E9% 93% 81/1025483？fr = aladdin

30. 百度百科. 成都公交［EB/OL］.［2018b – 08 – 05］. https：//baike. baidu. com/item/% E6% 88% 90% E9% 83% BD% E5% 85% AC% E4% BA% A4

31. 百度百科. 德阳［EB/OL］.［2018c – 08 – 05］. https：//baike. baidu. com/item/% E6% 88% 90% E9% 83% BD% E5% 85% AC% E4% BA% A4

32. 百度百科. 绵阳［EB/OL］.［2018d – 08 – 05］. https：//baike. baidu. com/item/% E6% 88% 90% E9% 83% BD% E5% 85% AC% E4% BA% A4

33. 北京大学人口研究所课题组. 全球人口发展趋势及其对世界政治的影响［J］. 当代世界与社会主义，2012，4：109—118.

34. 曹承建，张琼，贺凤英. 杭州市建设健康农贸市场效果评价［J］. 浙江预防医学，2015，27（01）：44—47.

35. 曹新宇. 社区建成环境和交通行为研究回顾与展望：以美国为鉴［J］. 国际城市规划，2015，30（04）：46—52.

36. 曾煜朗，董靓. 步行街道夏季微气候研究：以成都宽窄巷子为例［J］. 中国园林，2014，30（08）：92—96.

37. 陈勇. 生产性景观视角的成都市屋顶农业建设探析［J］. 农家科技旬刊，2017，6：19—20.

38. 成都年鉴社. 2017 年卷《成都年鉴》［EB/OL］.（2017 – 10）［2018 – 09 – 05］. http：//www. chengduyearbook. com/

39. 成都市发改委. 关于设置残疾人专用停车泊位残疾人免费停放的通知［EB/

OL]．（2016 – 10 – 25）［2017 – 08 – 05］．http：//gk. chengdu. gov. cn/govIn-foPub/detail. action？id = 85065&tn = 6

40. 成都市规划管理局. 成都市城市总体规划（2016 – 2035 年）［R/OL］．（2018 – 04 – 05）［2018 – 08 – 05］．http：//www. cdgh. gov. cn/yjzj/6053. htm

41. 成都市环境保护局. 成都市 2016 年环境质量公报［R/OL］．（2017 – 06 – 04）［2017 – 08 – 05］．http：//www. cdepb. gov. cn/cdepbws/Web/Template/GovDefaultInfo. aspx？aid = 9CA36A99E5CD42349ADEC24ED4984C3F&cid = 1116

42. 成都市老龄办. 成都市 2017 年老年人口信息和老龄事业发展状况报告［R/OL］．（2018 – 05 – 22）［2018 – 08 – 05］．http：//www. scllw. org. cn/news_view. php？info_id = 7920

43. 成都市人民政府. 成都市海绵城市规划建设管理技术规定（试行）［R/OL］．（2017a – 09 – 13）［2018 – 08 – 05］．http：//gk. chengdu. gov. cn/govInfo-Pub/detail. action？id = 93048&tn = 6

44. 成都市人民政府. 成都市重污染天气应急预案（2017 年修订）［R/OL］．（2017b – 11 – 06）［2018 – 08 – 05］．http：//www. cdepb. gov. cn/cdepbws/Web/Template/GovDefaultInfo. aspx？aid = CEA66F41A3F449C0AAACC09650822F22&cid = 1267

45. 成都市统计局. 成都市统计年鉴 2017［R/OL］．（2018 – 07 – 24）［2018 – 08 – 05］．http：//m. chdstats. gov. cn/htm/detail_110939. html

46. 董晶晶, 何闽. 行为改变理论下老年人康体活动的环境影响因素解读［J］. 建筑与文化, 2015(10)：97—99.

47. 方荣华, 邓学学, 李霞. 空巢老人健康状况及护理需求调查［J］. 华西医学, 2016, 31(04)：759—761.

48. 冯建喜, 黄旭, 汤爽爽. 客观与主观建成环境对老年人不同体力活动影响机制研究：以南京为例［J］. 上海城市规划, 2017(03)：17—23.

49. 冯建喜, 杨振山. 南京市城市老年人出行行为的影响因素［J］. 地理科学进展, 2015, 34(12)：1598—1608.

50. 格拉姆·霍普金斯, 赵梦. 风景园林让生活更美好：生态建筑战略：创造舒适宜人的小气候［J］. 中国园林, 2012, 28(10)：9—16.

51. 国家卫生计生委办公厅. 中国公民健康素养：基本知识与技能（2015 年版）［R/OL］．（2016 – 01 – 06）［2017 – 08 – 05］．http：//www. nhfpc. gov. cn/xcs/s3581/201601/e02729e6565a47fea0487a212612705b. shtml

52. 何凌华，魏钢. 既有社区室外环境适老化改造的问题与对策［J］. 规划师，2015，31（11）：23—28.

53. 华尹. 城市既有社区康复性景观的研究与应用［D］，浙江：浙江理工大学，2016.

54. 李磊，施帆帆，刘丹萍，张强，孙敏，何艳霞. 城市社区老年人健康素养现状及影响因素分析：以成都市为例［J］. 现代预防医学，2014，41（21）：3931—3935.

55. 李敏. 高密度城市绿地系统规划指标研究［EB/OL］.（2018 - 07 - 26）［2018 - 08 - 05］. http://www.chla.com.cn/htm/2018/0726/268983.html

56. 李志强. 浅谈园林植物设计中的色彩应用与人的情感心理［J］. 四川林业科技，2006，3（27）：76—78.

57. 辽宁省卫生与人口健康教育中心. 渥太华宪章［EB/OL］.（2008 - 01 - 22）［2017 - 10 - 25］. http://www.lnjkjy.org.cn/Policy/newsview/3635/

58. 刘文，焦佩. 国际视野中的积极老龄化研究［J］. 中山大学学报（社会科学版），2015，55（1）：167—180.

59. 刘正莹，杨东峰. 邻里建成环境对老年人户外休闲活动的影响初探：大连典型住区的比较案例分析［J］. 建筑学报，2016（06）：25—29.

60. 柳庆元. 健康促进视角下社区空间环境评价指标体系［A］. 中国城市规划学会、沈阳市人民政府. 规划60年：成就与挑战：2016中国城市规划年会论文集（06城市设计与详细规划）［C］. 中国城市规划学会、沈阳市人民政府：中国城市规划学会，2016：11.

61. 芦原义信. 外部空间设计［M］. 北京：中国建筑工业出版社，1985：3.

62. 鲁斐栋，谭少华. 建成环境对体力活动的影响研究：进展与思考［J］. 国际城市规划，2015，30（2）：62—70.

63. 马云甫，杨军. 传统农贸市场改造的必要性、原则与模式［J］. 农村经济，2005（02）：109—111.

64. 摩拜单车. 2017年共享单车与城市发展白皮书［R/OL］.（2017 - 04 - 20）［2017 - 08 - 05］. http://www.sohu.com/a/133766880_585110

65. 普蕾米拉·韦伯斯特，丹尼丝·桑德森，徐望悦，赵晓菁. 健康城市指标——衡量健康的适当工具？［J］. 国际城市规划，2016，31（04）：27—31.

66. 全国信息与文献标准化技术委员会，城市绿地分类标准 非书资料：CJJ/T 85 - 2017［S］. 北京：中国标准出版社，2017b：1.

67. 全国信息与文献标准化技术委员会. 城市用地分类与规划建设用地标准 非书资料：GB 50137—2011[S]. 北京：中国标准出版社，2011：1.

68. 全国信息与文献标准化技术委员会. 职业健康促进名词术语 非书资料：GBZ/T 296—2017[S]. 北京：中国标准出版社，2017a：1.

69. 冉磊，张旭. 浅谈农贸市场规划的原则：以保定市农贸市场规划为例[J]. 小城镇建设，2007(08)：37—40.

70. 任超，袁超，何正军，吴恩融. 城市通风廊道研究及其规划应用[J]. 城市规划学刊，2014(03)：52—60.

71. 申停波，曹西娟，谢祥俊. 基于因子分析法的成都市空气质量研究[J]. 科技创新导报，2017，14(09)：121 - 123 + 125.

72. 四川省老龄工作委员会办公室. 成都市 2017 年老年人口信息和老龄事业发展状况报告[R/OL]. (2018 - 05 - 22)[2018 - 08 - 05]. http://www.scllw. org. cn/news_view. php？info_id = 7920

73. 田莉，李经纬，欧阳伟，陈万青，曾红梅，肖扬. 城乡规划与公共健康的关系及跨学科研究框架构想[J]. 城市规划学刊，2016(02)：111—116.

74. 同济大学，天津大学，重庆大学 等. 控制性详细规划[M]. 北京：中国建筑工业出版社，2011：150.

75. 王开. 健康导向下城市公园建成环境特征对使用者体力活动影响的研究进展及启示[J]. 体育科学，2018，38(01)：55—62.

76. 肖希，韦怡凯，李敏. 日本城市绿视率计量方法与评价应用[J]. 国际城市规划，2018，33(02)：98—103.

77. 休·巴顿，马库斯·格兰特. 塑造邻里：为了地方健康和全球可持续性[M]. 北京：中国建筑工业出版社，2017.

78. 徐莉，王萍. 关于完善我国养老服务体系的思考：从智能化养老的兴起谈起[J]. 商业时代，2014，(12)：116—118.

79. 许功虎，侯嘉茵. 机动车限行政策对空气质量的影响研究：以成都市为例[J]. 公共经济与政策研究，2015(01)：111—119.

80. 玄泽亮，傅华. 城市化与健康城市[J]. 中国公共卫生，2003，19(2)：236—238.

81. 杨国莉，严谨. 老年人健康素养现状、影响因素及健康教育策略[J]. 中国老年学杂志，2016，36(01)：250—252.

82. 杨国莉，严谨. 老年人健康素养现状[J]. 中国老年学杂志，2014，34(13)：

3807—3809.

83. 伊丽莎白·伯顿. 包容性的城市设计［M］. 北京：中国建筑工业出版社，2009.

84. 于一凡，胡玉婷. 社区建成环境健康影响的国际研究进展：基于体力活动研究视角的文献综述和思考［J］. 建筑学报，2017(02)：33—38.

85. 张智胜，陶俊，谢绍东，周来东，宋丹林，张普，曹军骥，罗磊. 成都城区PM（2.5）季节污染特征及来源解析［J］. 环境科学学报，2013，33（11）：2947—2952.

86. 赵书. 新型城镇化背景下成都市空巢老人关爱体系建设研究［J］. 中共成都市委党校学报，2015(06)：71—73.

87. 中华人民共和国住房和城乡建设部. 关于印发《中国人居环境奖评价指标体系(试行)》和《中国人居环境范例奖评选主题及内容》的通知［R/OL］.（2010 – 08 – 06）［2017 – 08 – 05］. http://www. gov. cn/zwgk/2010 – 08/06/content_1672733. htm

88. 住房城乡建设部. 城市绿地防灾避险设计导则［R/OL］.（2018 – 01 – 03）［2018 – 08 – 05］. http://www. mohurd. gov. cn/wjfb/201801/t20180112_234781. html

89. 住房城乡建设部. 海绵城市建设技术指南［R/OL］.（2014 – 10 – 22）［2017 – 08 – 05］. http://www. mohurd. gov. cn/wjfb/201411/t20141102_219465. html

附　　录

附录1　成都市老年人户外活动情况调查问卷

亲爱的叔叔阿姨:

您好! 我来自四川农业大学风景园林学院, 为了更好地满足您的日常户外生活需求, 现对您做如下咨询, 请您根据实际情况作答。本问卷仅作为学术研究之用, 对您的个人信息我们将严格保密, 感谢您的支持!

1. 您的年龄_____; 性别: 男 (　　　) 女 (　　　)

2. 您的文化程度:

(1) 小学及以下 (　　　); (2) 初中 (　　　); (3) 高中或中专 (　　　);

(4) 大学及以上 (　　　)

3. 您退休前的职业是: _____

4. 您现在每月大概可领取多少养老金:

(1) 1 000 元以下 (　　　); (2) 1 000 - 2 000 元 (　　　);

(3) 2 000 - 3 000 元 (　　　); (4) 3000 - 3500 元 (　　　);

(5) 3500 元以上 (　　　)

5. 您目前与谁一起居住:

老伴 (　　　)	子女 (　　　)	老伴和子女 (　　　)
自己独居 (　　　)	孙辈 (　　　)	其他请说明:

6. 您更倾向哪种养老模式:

(1) 居家养老 (　　　); (2) 社区养老 (　　　); (3) 居家+社区养老 (　　　);

(4) 机构养老 (　　　); (5) 其他请说明: _____

7. 您的身体健康状况如何:

(1) 健康 (　　　); (2) 患有慢性病 (　　　)

如果您患有慢性病, 请说明患有哪种慢性病 (可多选):

高血压（　）	骨关节炎（　）	糖尿病（　）	心脏病（　）	脑血管病（　）
慢性阻塞性肺疾病（　）	青光眼（　）	恶性肿瘤（　）	其他（　）	

8. 您一般在户外进行哪种类型的活动？（可多选）

健身类活动	散步（　）	器材健身（　）	打太极拳/太极剑（　）	跳广场舞/体操（　）	球类运动（　）
娱乐类活动	棋牌麻将（　）	读书看报（　）	唱歌听戏（　）	喝茶（　）	
养身类活动	种花养草/种菜（　）	书画（　）	摄影（　）	垂钓（　）	养宠物（　）
社会类活动	带小孩（　）	与家人朋友聊天（　）	逛街（逛公园）（　）	买菜（　）	做社会公益活动（　）

9. 您一般更喜欢在哪进行户外活动？（可多选）

（1）宅间与小区内部活动场所（　）；（2）小区周边街道与活动场所（　）；（3）城市/社区广场与公园（　）；（4）社区活动中心与体育场馆（　）；（5）其他请说明：_____

10. 您一般外出的时间段（可多选）：

夏季

早上 8 点前（　）	上午 8 点—10 点（　）	上午 10 点—12 点（　）	中午 12 点—14 点（　）
下午 14 点—16 点（　）	下午 16 点—18 点（　）	晚上 18 点—20 点（　）	晚上 20 点以后（　）

冬季

早上 8 点前（　）	上午 8 点—10 点（　）	上午 10 点—12 点（　）	中午 12 点—14 点（　）
下午 14 点—16 点（　）	下午 16 点—18 点（　）	晚上 18 点—20 点（　）	晚上 20 点以后（　）

11. 您一般多久外出活动一次？

（1）基本不外出活动（　　）；（2）偶尔外出活动（　　）；（3）每天外出活动一次（　　）；（4）每天外出活动2—3次（　　）

12. 您外出活动一般持续的时间：

（1）半小时以下（　　）；（2）半小时—1小时以内（　　）；（3）大于1小时（　　）

13. 您的主要出行方式（可多选）：

（1）步行（　　）；（2）自行车（　　）；（3）公共交通（　　）；（4）电动代步车（　　）；（5）小汽车（　　）；（6）其他请说明：_____

14. 您日常出行主要去哪里（可多选）：

农贸市场（　）	商店（　）	门诊（　）	学校（　）	拜访朋友（　）
拜访亲戚（　）	无目的闲逛（　）	公园（　）	社区广场（　）	其他请说明：_____

15. 您认为哪些情况对您外出活动造成危险（可多选）：

道路不平整（　）	道路湿滑（　）	道路上的障碍物（　）	缺少照明（　）	缺少警示牌（　）	缺少清楚的标识（　）	缺少扶手（　）
不明显的地面高差（　）	不安全的路口（　）	担心被自行车撞倒（　）	担心被汽车撞倒（　）	担心被犬类伤害（　）	其他请说明：_____	

16. 对您居住的社区户外空间环境满意吗？

（1）非常满意（　　）；（2）基本满意（　　）；（3）不满意（　　）

17. 您觉得户外空间环境最需要改进的地方是什么？

（1）增加公共设施（　　）；（2）增加活动空间（　　）；（3）加强安全保障（　　）；（4）加强绿化建设（　　）；（5）其他请说明：_____

感谢您的支持！祝您身体健康！

| 后　记 |

　　本书是在笔者博士学位论文基础上修改完成的，完成本书写作对笔者来说是一次深刻的学术与实践之旅。在全球范围内，积极老龄化和健康老龄化的议题引起了广泛的关注，而本书旨在通过深入研究健康促进型户外空间环境，为城市既有社区居家养老环境建设提供理论和实践支持。

　　城市既有社区往往存在设施基础老化、环境陈旧等问题，通过研究城市既有社区健康促进型户外空间环境，有助于提升老年人的生活质量，创造更宜居的生活环境。健康促进型户外空间环境能够鼓励老年人进行更多的户外活动，从而促进身体活动，减少慢性病风险，提高健康水平，降低医疗负担，在改善老年人整体健康状况方面发挥重要作用。城市既有社区健康促进型户外空间环境建设可以有效缓解居家社区养老压力，提高城市既有社区的适应能力。本书有助于引导城市更新与社区再生。通过提升城市既有社区的功能，使其更加符合养老需求，为城市可持续发展提供新的方向。

　　本书的出版，首先要特别感谢导师高素萍教授，从本科到博士的十余年时间，高素萍教授一直给予我最无私的关照和指导。在我人生遇到困难时，她像母亲般关爱着我，是她为我提供了不断的学习机会，指引着我人生的轨迹。高素萍教授严谨的治学精神、广博的专业知识、勤勉的工作态度，一直都是我学习的榜样。高素萍教授在我的博士学位论文选题方面表现出极强的时代洞察力和逻辑思维能力。高素萍教授对我学位论文逐字逐句地修改、辛勤的付出着实让我感动，也让我感到惭愧不已。没有导师的帮助和指导，恐怕我还在徘徊中摸索前行。在此谨致以我最衷心的感谢和深切的敬意，能够得到您的厚爱是我此生的荣幸与骄傲。同时，还要感谢我的家人、亲朋、师长、同学给予的支持和帮助。

　　最后，谨以此书献给我的外婆任开菊女士！

易守理

2024 年 1 月于成都